CNC-Crashkurs ShopTurn

Markus Sartor

CNC-Crashkurs ShopTurn

2. Auflage 2015

Dr.-Ing. Paul Christiani GmbH & Co. KG

Autor: Markus Sartor

Überarbeitung: Volker Knipping

Titelbild: Fa. Siemens AG

Bestell-Nr. 84472

ISBN 978-3-86522-616-7

2. Auflage 2015

Inhaltsverzeichnis

Vorwort

Das vorliegende Buch beschreibt den Aufbau und die Handhabung der CNC-Bedienoberfläche „ShopTurn" der Siemens AG. Neben der Beschreibung von Funktionen zum Programmieren werden drei Werkstücke beispielhaft programmiert. Grundkenntnisse in der CNC-Technik werden vorausgesetzt.

Die Grundphilosophie von ShopTurn ist es, die Bedienung und Programmierung von CNC-Drehmaschinen zu vereinfachen und eine schnelle Programmierung in der Werkstatt zu ermöglichen. Dabei soll die G-Code-Programmierung nach DIN 66025 nicht zur Anwendung kommen. Vielmehr soll durch leistungsfähige Zyklen und Funktionen eine Programmierung nur durch Zyklenmasken und Funktionsaufrufe erfolgen. Bei der Bedienung und Programmierung von ShopTurn ist eine durchgängige grafische Unterstützung vorhanden, so dass auch ohne die Kenntnis einer Programmiersprache anspruchsvolle Teile hergestellt werden können. Im Bedarfsfall können aber auch G-Code-Befehle in das Programm eingefügt werden.

Dieses Buch soll einen Einstieg in diese Programmierung ermöglichen.
Ergänzt werden kann das Thema „Drehen" mit dem Buch CNC-Crashkurs ShopMill. In diesem Buch wird die grafische Bedien- und Programmieroberfläche für Fräsmaschinen vorgestellt. Da beide Oberflächen auf dieselbe Art und Weise bedient werden, ist somit auch ein schneller Einstieg in die Thematik „Fräsen" möglich.

Der Bezug auf die Praxis ist mithilfe der Trial-Version SinuTrain for SINUMERIK Operate von Siemens gegeben. Auf der Internetseite **www.siemens.de/cnc4you** wird der kostenlose Download angeboten. Nach einer Registrierung steht die Demo-Version SINUMERIK Operate 4.5 zur Verfügung.

Die Software ist von der Bedienung und Programmierung her mit einer Original- Werkzeugmaschine identisch. Sonderfunktionen von Maschinenherstellern sind nicht berücksichtigt. Ein Datenaustausch von und zu einer Maschine ist aber dennoch möglich. Somit können Programme, die Sie mit der Software erstellt haben, zur Maschine übertragen werden und dort abgearbeitet werden.

Die in diesem Buch verwendeten technologischen Daten der Programmierübungen müssen auf den jeweils verwendeten Werkstoff und auf die verwendeten Werkzeuge angepasst werden.

Diesem Buch liegt der ShopTurn-Softwarestand 4.5 zugrunde.

Mein Dank für die freundliche Unterstützung gilt der Siemens AG in Berlin.

Markus Sartor

1 Starten der ShopTurn-Software

Auf dem Desktop befindet sich nach der Installation der Software das Symbol:

Mit der linken Maustaste wird dieses Symbol zweimal angeklickt. Es erscheint das Eingangsfenster der Sinutrain-Software.

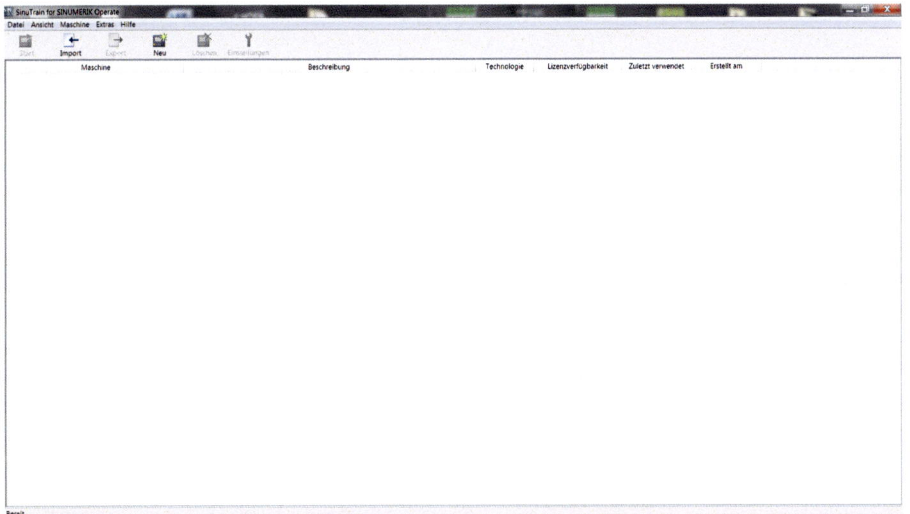

Klicken Sie die Schaltfläche 

Es erscheint ein Überblendfenster, welches Sie mit „Weiter" bestätigen.

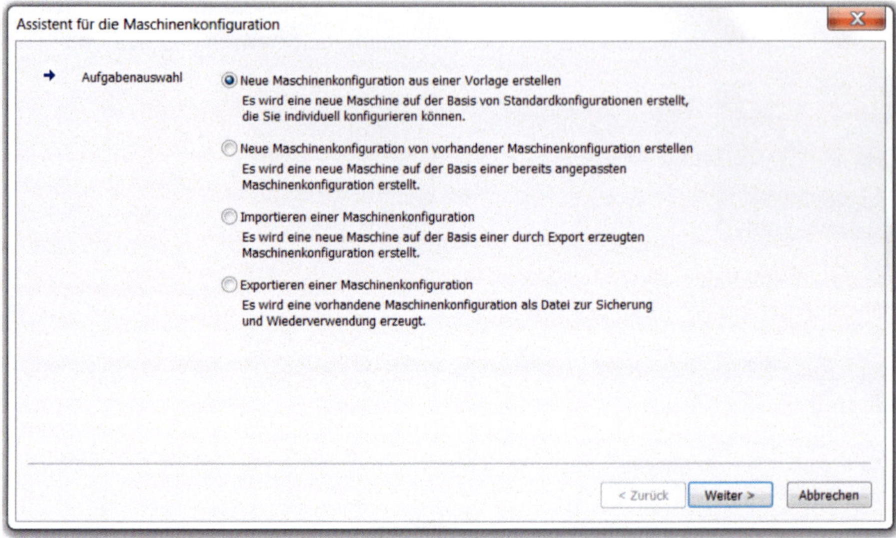

Wählen Sie im nächsten Fenster „Drehmaschine mit angetriebenen Werkzeug" und bestätigen Sie mit „Weiter"

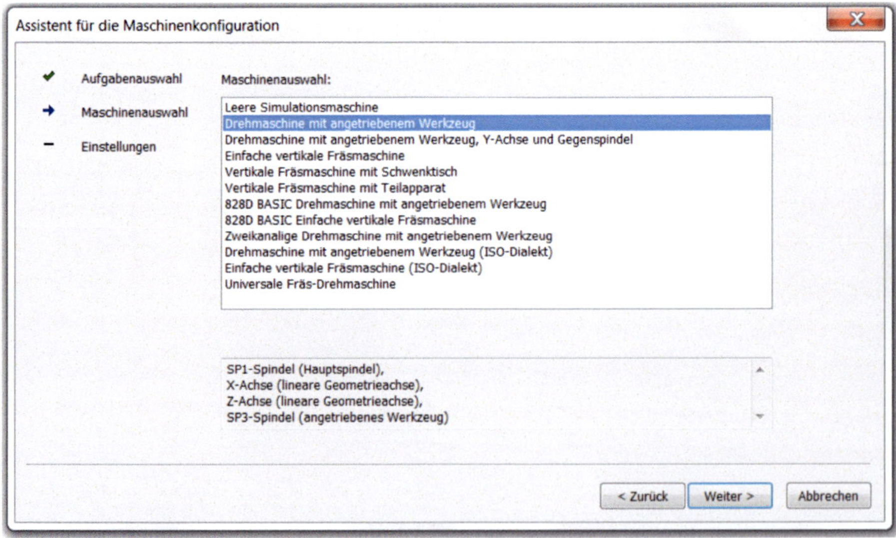

Im nächsten Fenster können Sie noch die Auflösung an Ihren Rechnerbildschirm anpassen und mit „Fertig stellen“ bestätigen

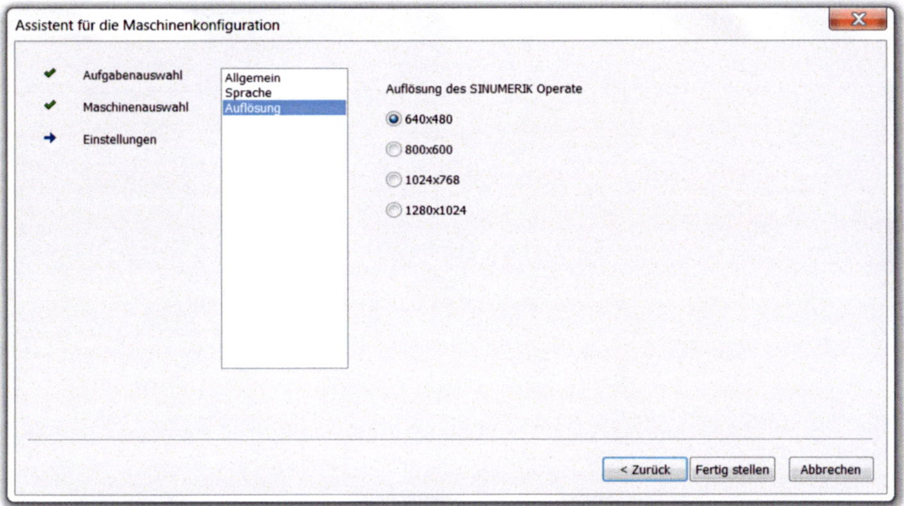

Nun erscheint Ihre gerade konfigurierte Maschine im SinuTrain-Eingangsfenster.

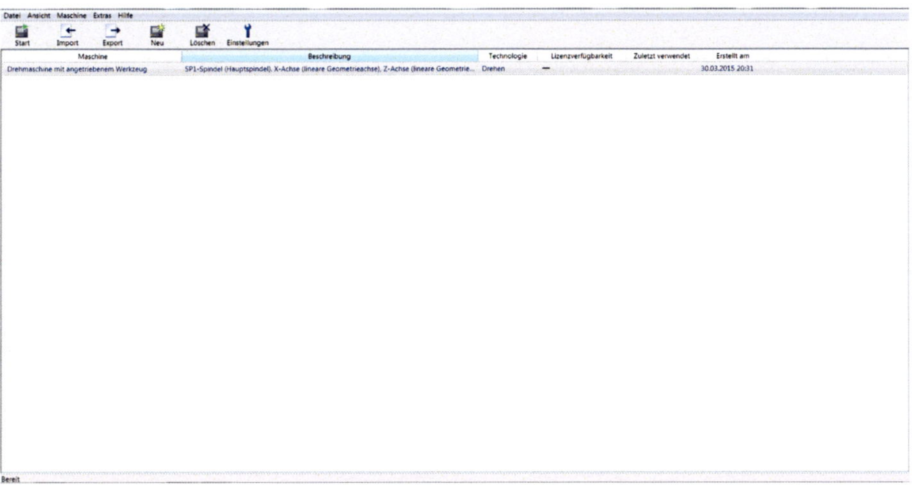

Drücken Sie die Schaltfläche 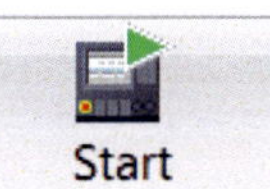

2 Aufbau des Bildschirms

Nach dem Hochlauf der Steuerung erscheint folgendes Bild:

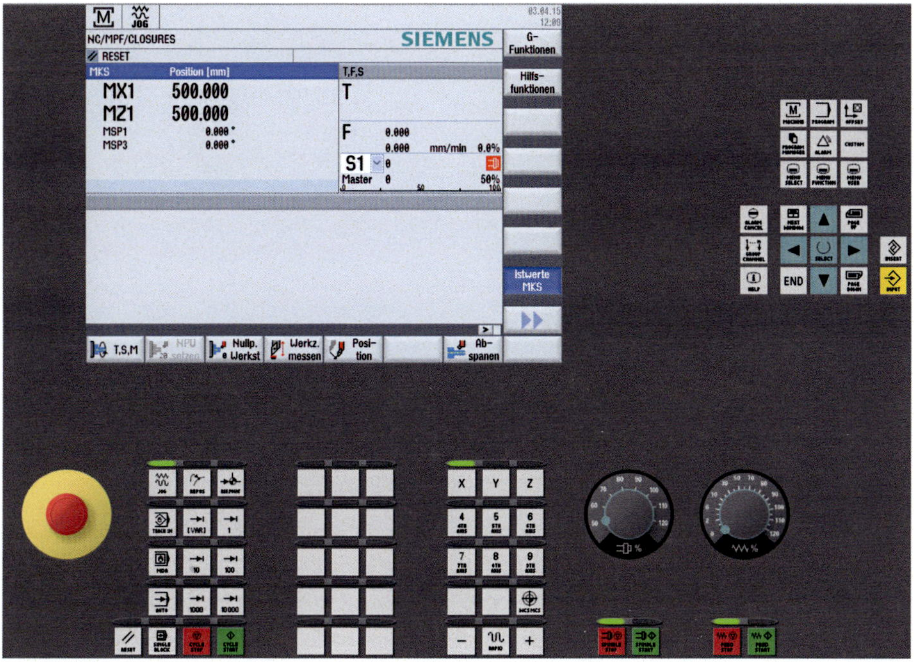

Zunächst wird der Grundaufbau der Anzeige erläutert.
Die wichtigsten Teilbereiche der Anzeige sind:

- Anzeige der Betriebsart:

Die Maschine befindet sich in der Betriebsart „Manuell“ (bzw. „JOG“).
In dieser Betriebsart findet das Einrichten der Maschine statt (Verfahren der Maschinenachsen über die Maschinensteuertafel, Einwechseln von Werkzeugen in die Spindel, Ausführen von Messungen zur Nullpunktbestimmung etc.).

- Anzeige des Betriebszustands der Maschine:

Die Maschine befindet sich im Reset-Zustand; es wird zur Zeit kein Programm abgearbeitet.

- Anzeige der Achspositionen:

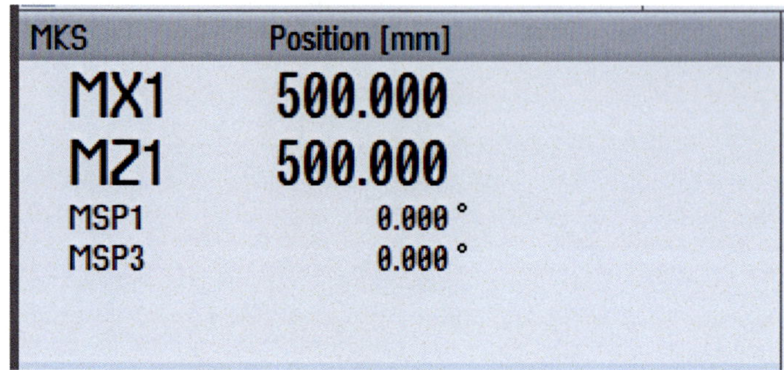

Die Positionen der an der Maschine vorhandenen Achsen (X, Z) werden angezeigt. Die Anzeige kann entweder im Werkstückkoordinatensystem (WKS) oder im Maschinenkoordinatensystem (MKS) erfolgen.

Die Umschaltung erfolgt mit dem Softkey 

- Anzeige des aktiven Werkzeugs, des aktiven Vorschubs und der Spindeldrehzahl:

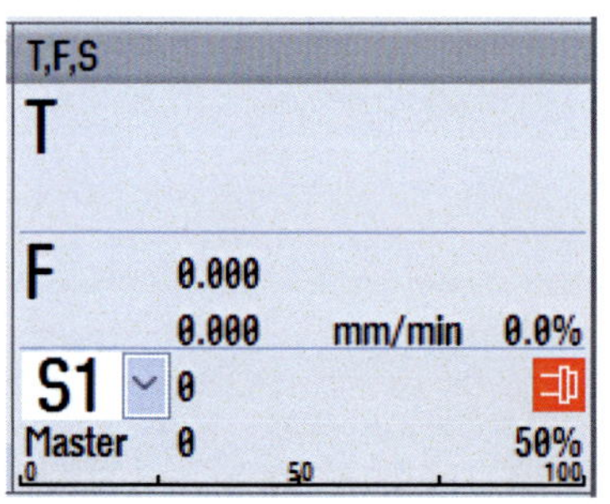

Aktives Werkzeug

Schneidenradius und Werkzeuglängen in X und Z

Aktive Werkzeugschneide und Ausrichtung

Momentan ist noch kein Werkzeug in der Maschine aktiv

Die Bedienung der Oberfläche erfolgt über die horizontal und vertikal angebrachten Softkeys. Es wird zwischen „belegten“ und „nicht belegten“ bzw. „freien“ Softkeys unterschieden.
Beim Betätigen von nicht belegten Softkeys (der Softkey ist vollständig grau, ohne Text oder Symbolik) wird keine Funktion ausgelöst.
Durch das Betätigen eines Softkeys mit Text wird eine Funktion ausgeführt.

2.1 Bedienelemente der horizontalen Softkeyleiste im manuellen Betrieb

Funktionen der einzelnen Softkeys:

- Auslösen von Werkzeugwechsel zum Einschwenken von Werkzeugen.
- Programmierung von Spindeldrehzahlen in U/min oder Spindelpositionen in Grad oder einer konstanten Schnittgeschwindigkeit.
- Aufruf von Nullpunktverschiebungen.
- Aufruf von Maschinen-M-Funktionen (z. B. Späneförderer).
- Umschalten der Maßeinheit.

- Positionswerte von Maschinenachsen direkt setzen (in eine Nullpunktverschiebung speichern).

– Werkstücknullpunkte über Ankratzen mit Werkzeugen ermitteln.

- Automatisches Vermessen von Werkzeugen (Länge in X und Z) über manuelles Ankratzen oder über automatisch schaltende Messmittel (Messdose, wenn vorhanden).

- Verfahren einer Maschinenachse (oder mehrerer Maschinenachsen) auf eine frei wählbare Position im aktiven Koordinatensystem im Eilgang oder mit einem frei bestimmbaren Vorschub.

– Abspanzyklus zum Abspanen von Stirn- und Mantelflächen von Werkstücken aus dem manuellen Betrieb.

2.2 Bedienelemente der vertikalen Softkeyleiste im manuellen Betrieb

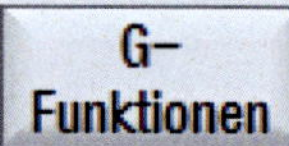

– Anzeige der gerade aktiven Funktionen der einzelnen G-Code-Gruppen (z. B. G0, G1, G2, G3, G17, G18, G19, G40, G41, G42 usw.). Die Anzeige erfolgt im Displaybereich **T**, **F**, **S** und kann durch erneutes Betätigen des Softkeys wieder ausgeblendet werden.

– Anzeige der gerade aktiven Hilfsfunktionen bzw. M- oder H-Funktionen (abhängig vom Maschinenhersteller).

– Umschaltung von Maschinenkoordinatensystem (MKS) in Werkstückkoordinatensystem (WKS)

– Umschaltung auf die zweite Softkey-Ebene

Zweite Softkey-Ebene

– Anzeige aller G-Code-Gruppen mit aktiven Schaltzuständen auf dem gesamten Sichtbereich des Displays.

– Vergrößern der Positionsanzeige

– Umschaltung auf die erste Softkey-Ebene

2.3 Bedienelemente im unteren Bildschirmbereich

Rechts und unterhalb der eigentlichen Bildschirmmaske sind in der SinuTrain-Software weitere Tasten angeordnet, mit denen die Steuerung bedient werden kann:

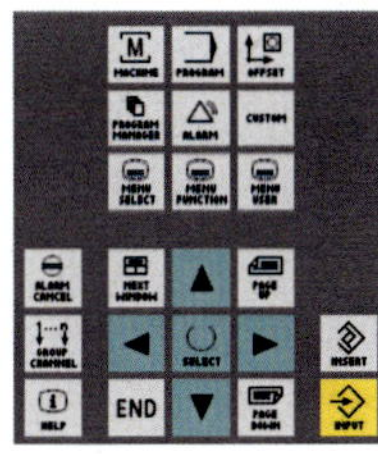

2.3.1 Tasten zur Bildschirmsteuerung

- Diese Taste springt aus jedem beliebigen Bedienbereich zum Grundbild-Maschine (Startbild).

- Über „MENU SELECT“ kann der aktive Bedienbereich gewechselt werden. Nachdem diese Taste betätigt wurde, werden auf der horizontalen Softkeyleiste sämtliche Bedienbereiche gelistet.

- Info: Innerhalb des Programms oder innerhalb von Zykleneingabemasken kann mit dieser Taste zwischen einer grafischen Vorschau und Hilfebildern umgeschaltet werden.

- Diese Taste springt in den Programm-Manager (Dateiverwaltung)

- Diese Taste springt in das aktive Programm

- Diese Taste springt in das Alarm-Fenster

2.3.2 Tasten zur Umschaltung von Betriebsarten und zur Maschinensteuerung

- Anwahl der Betriebsart **„Automatik“** zum Abarbeiten von Programmen.

- Anwahl der Betriebsart **„MDA“** (Manual Data Automatic) zum Abarbeiten von einzelnen Sätzen, die zuvor über ein Eingabefenster eingegeben werden müssen.

- Anwahl der Betriebsart **„JOG“** zum Einrichten der Maschine.

- Aktivierung des Einzelsatzbetriebs.

- NC-Start: Ausführen von anstehenden Aktionen, z. B. Einwechseln von Werkzeugen oder Abarbeiten von Programmen.

- NC-Stopp: Die Maschine sofort anhalten. Mit NC-Start kann die Bewegung fortgesetzt werden.

- Reset: Alle Aktionen beenden und die Steuerung in Grundstellung ver setzen.

- Einschalten des Spindelantriebes

- Ausschalten des Spindelantriebes

- Einschalten des Vorschubantriebes

- Ausschalten des Vorschubantriebes

- Einstellen des Vorschuboverride

- Einstellen des Spindeloverride

2.4 Wichtige Funktionen zur Bedienung der Steuerung

- Input: Alle eingegebenen Zahlen und Buchstaben müssen mit der INPUT-Taste bestätigt werden. Nur dann sind sie korrekt gespeichert. Auf der PC-Tastatur wird die Eingabetaste (Enter) verwendet.

- Cursortaste links: Sie dient zum Positionieren des Cursors nach links. Mit ihr können auch Programmordner geschlossen werden. Auf der PC-Tastatur wird die entsprechende Taste im Cursorblock verwendet.

- Cursortaste rechts: Sie dient zum Positionieren des Cursors nach rechts. Mit ihr können auch Programmordner, Pogramme und Arbeitsschritte in einem Arbeitsplan geöffnet werden.

- Cursortaste nach oben: Sie dient zum Blättern innerhalb von Parameter listen (z. B. Werkzeugdaten und Nullpunktverschiebungen) und zur Navigation im Arbeitsplan.

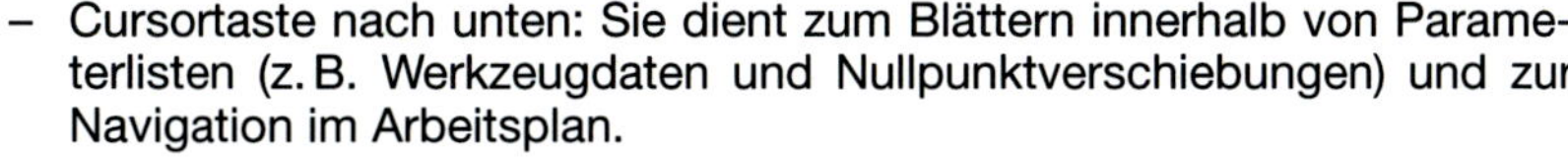

- Cursortaste nach unten: Sie dient zum Blättern innerhalb von Parameterlisten (z. B. Werkzeugdaten und Nullpunktverschiebungen) und zur Navigation im Arbeitsplan.

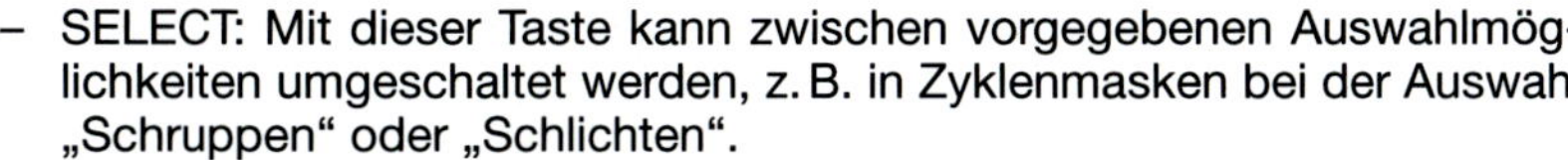

- SELECT: Mit dieser Taste kann zwischen vorgegebenen Auswahlmöglichkeiten umgeschaltet werden, z. B. in Zyklenmasken bei der Auswahl „Schruppen“ oder „Schlichten“.

- Übernahme: Übernahme von Programmschritten, Bestätigung der Eingaben und Verlassen der aktiven Maske.

- Abbruch: Abbrechen der Eingabe und Verlassen der aktiven Maske.

3 Bedienbereiche der Steuerung

Die Steuerung ist in mehrere Bedienbereiche aufgegliedert. Ein Wechsel von einem Bedienbereich in einen anderen ist durch das Betätigen der Taste

möglich. Dabei ändert sich die Belegung der horizontalen Softkeyleiste:

Durch das Betätigen eines Softkeys kann ein Wechsel in einen anderen Bedienbereich erfolgen.
Nachfolgend werden die verfügbaren Funktionen der einzelnen Bedienbereiche kurz aufgelistet:

- Bedienbereich Maschine:
  - Einrichten der Maschine in der Betriebsart „Manuell“
  - Abarbeiten von Programmen in der Betriebsart „Auto“

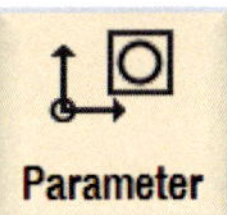

- Bedienbereich Parameter:
  - Werkzeugliste
  - Werkzeugverschleiß
  - Werkzeugmagazin
  - Nullpunktverschiebungen
  - Anwender Variablen (R-Parameter)
  - Settingdaten (Arbeitsfeldbegrenzung)

- Bedienbereich Programm-Manager:
  - Erstellen und Editieren von Programmen, Programmsimulation
  - Kopieren, Löschen und Umbenennen von Programmen
  - Laden und Entladen von Programmen
  - Übertragen von Programmen aus der Maschine bzw. Einlesen von externen Speichermedien
  - Sichern von Rüstdaten (Werkzeugdaten, Nullpunktverschiebungen)

- Bedienbereich Programm editieren:
  - Öffnet das zuletzt im Programmeditor bearbeitete Programm (direkter Einsprung)

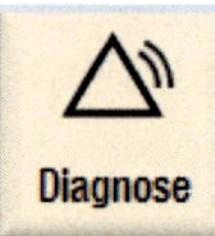

- Bedienbereich Diagnose:
  - Anzeige aller aktiven Alarme (ggf. mit Diagnosemöglichkeit)
  - Anzeige aller aktiven Betriebsmeldungen (maschinenherstellerabhängig)
  - Anzeige des Alarmprotokolls (ggf. mit Diagnosemöglichkeit)
  - Anzeige von NC bzw. PLC Variablen
  - Anzeige der Softwareversion

- Bedienbereich Inbetriebnahme:
  - Anzeigen und Einstellen diverser Maschinenparameter.
  - Vorsicht: Dieser Bereich ist für Service-Personal des Steuerungs-, bzw. Maschinenherstellers und sollte nur von sachkundigem Personal benutzt werden

4 Anlegen von Werkzeugen für die Programmierübungen

Zunächst wird der Bedienbereich **Parameter** geöffnet:

Hier wird die Werkzeugliste mit allen Werkzeugen angezeigt, die im Magazin der Maschine eingebaut sind. Im nachfolgenden Bild wird ein leeres Magazin gezeigt:

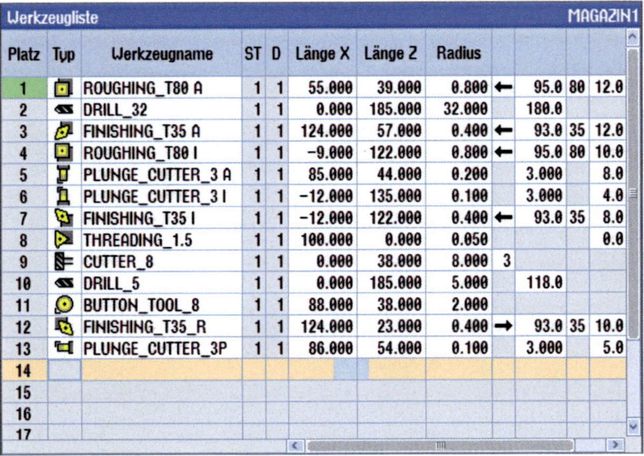

Werkzeugliste — MAGAZIN1

Platz	Typ	Werkzeugname	ST	D	Länge X	Länge Z	Radius				
1		ROUGHING_T80 A	1	1	55.000	39.000	0.800	←	95.0	80	12.0
2		DRILL_32	1	1	0.000	185.000	32.000		180.0		
3		FINISHING_T35 A	1	1	124.000	57.000	0.400	←	93.0	35	12.0
4		ROUGHING_T80 I	1	1	-9.000	122.000	0.800	←	95.0	80	10.0
5		PLUNGE_CUTTER_3 A	1	1	85.000	44.000	0.200		3.000		8.0
6		PLUNGE_CUTTER_3 I	1	1	-12.000	135.000	0.100		3.000		4.0
7		FINISHING_T35 I	1	1	-12.000	122.000	0.400	←	93.0	35	8.0
8		THREADING_1.5	1	1	100.000	0.000	0.050				0.0
9		CUTTER_8	1	1	0.000	38.000	8.000	3			
10		DRILL_5	1	1	0.000	185.000	5.000		118.0		
11		BUTTON_TOOL_8	1	1	88.000	38.000	2.000				
12		FINISHING_T35_R	1	1	124.000	23.000	0.400	→	93.0	35	10.0
13		PLUNGE_CUTTER_3P	1	1	86.000	54.000	0.100		3.000		5.0
14											
15											
16											
17											

Zum Hinzufügen von Werkzeugen wird die Markierung mit den Cursortasten auf einen leeren Magazinplatz bewegt.
Der Softkey

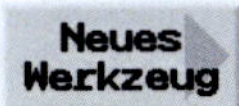

muss in der vertikalen Softkeyleiste aufgeblendet sein. Bei einigen Maschinen ist die Beladung direkt auf einen Magazinplatz nicht zugelassen; in diesem Fall kann der Cursor auch ganz nach unten bewegt werden, bis der Softkey **„Neues Werkzeug“** angezeigt wird.

Nachdem der Softkey „Neues Werkzeug“ betätigt wurde, kann aus der vertikalen Softkeyleiste die Werkzeuggruppe und anschließend aus dem sich öffnenden Fenster der Werkzeugtyp ausgewählt werden.

4.1 Übersicht über die Werkzeugtypen

Folgende Werkzeugtypen stehen zur Verfügung:

Werkzeuggruppe Drehstahl 500-599

Werkzeugtypen:

Neues Werkzeug – Drehstähle

Typ		Bezeichner	Werkzeuglage
500	-	Schrupper	
510	-	Schlichter	
520	-	Einstecher	
530	-	Abstecher	
540	-	Gewindestahl	
550	-	Pilz	
560	-	Drehbohrer	
580	-	3D-Messtaster Drehen	
585	-	Kalibrierwerkzeug	

Die Ecke mit dem rechten Winkel ist der Werkzeugvermessungspunkt

Hinweis:
Der Werkzeugtyp **„3D-Taster“** für elektronisch schaltende Messtaster.

Werkzeuggruppe Fräser 100-199

Werkzeugtypen:

Neues Werkzeug – Fräser

Typ		Bezeichner	Werkzeuglage
100	-	Fräswerkzeug	
110	-	Kugelkopf zylindr.	
111	-	Kugelkopf kegelig	
120	-	Schaftfräser	
121	-	Schaftfräser Eckenverr.	
130	-	Winkelkopffräser	
131	-	Winkelkopf Eckenverr.	
140	-	Planfräser	
145	-	Gewindefräser	
150	-	Scheibenfräser	
151	-	Säge	
155	-	Kegelstumpffräser	
156	-	Kegelstumpffräs. Eck.	
157	-	Kegeliger Gesenkfräs.	
160	-	Bohrgewindefräser	

Werkzeuggruppe **Bohrer 200-299**

Werkzeugtypen:

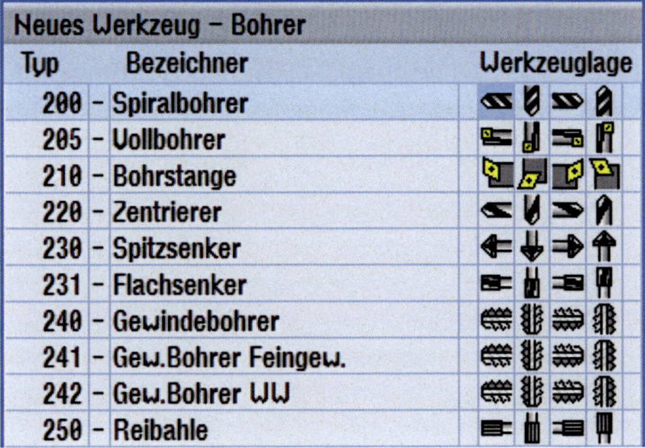

Neues Werkzeug - Bohrer

Typ	Bezeichner	Werkzeuglage
200	- Spiralbohrer	
205	- Vollbohrer	
210	- Bohrstange	
220	- Zentrierer	
230	- Spitzsenker	
231	- Flachsenker	
240	- Gewindebohrer	
241	- Gew.Bohrer Feingew.	
242	- Gew.Bohrer WW	
250	- Reibahle	

Werkzeuggruppe **Sonderw. 700-900**

Werkzeugtypen:

Neues Werkzeug - Sonderwerkzeuge

Typ	Bezeichner	Werkzeuglage
700	- Nutsäge	
710	- 3D-Messtaster Fräsen	
711	- Kantentaster	
712	- Monotaster	
713	- L-Taster	
714	- Sterntaster	
725	- Kalibrierwerkzeug	
730	- Anschlag	
731	- Pinole	
732	- Lünette	
900	- Hilfswerkzeuge	

Für die Programmierübungen werden folgende Werkzeuge benötigt:

- Schruppdrehwerkzeug Außen, Plattenwinkel = 80°, R = 0,8 mm
- Schlichtdrehwerkzeug Außen, Plattenwinkel = 35°, R = 0,4 mm
- Schlichtdrehwerkzeug Innen, Plattenwinkel = 35°, R = 0,4 mm
- Einstechdrehwerkzeug Außen, Plattenbreite 3 mm
- Gewindedrehwerkzeug Außen, R = 0,1 mm
- Vollbohrer Ø 30 mm, Spitzenwinkel = 180°
- Schaftfräser Ø 4 mm, 3 Zähne
- Zentrierbohrer Ø 10 mm, Spitzenwinkel = 90°
- Spiralbohrer Ø 5 mm, Spitzenwinkel = 118°
- Gewindebohrer M6, P = 1,0 mm

In der Werkzeugtabelle wird jedem Werkzeug eine Drehrichtung zugeordnet. Die Wirkung (Linksdrehung, Rechtsdrehung) kann vom Maschinenhersteller verändert werden. An einer realen Maschine sind für die Einstellung der Drehrichtungen der Werkzeuge die Angaben des Maschinenherstellers zu beachten.

4.2 Definition des Schruppdrehwerkzeugs Außen

Es müssen folgende Bedienhandlungen/Eingaben ausgeführt werden:

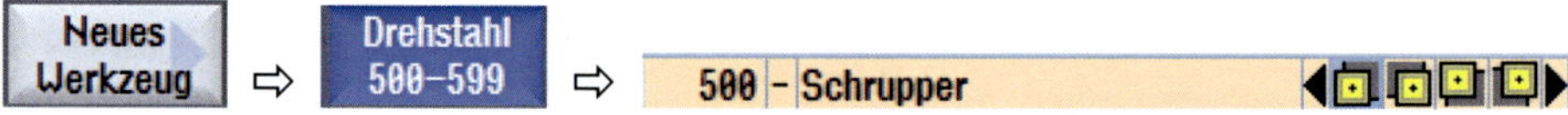

Die Werkzeuglängen werden hier bei allen Werkzeugen beispielhaft angegeben und sind auf das tatsächlich verwendete Werkzeug anzupassen.

Werkzeugname:	SCHRUPP_80A	
Länge X:	78,349 mm	
Länge Z:	45,190 mm	
Radius:	0,800 mm	
Bezugsrichtung für den Halterwinkel:	von Z+ nach Z-	
Halterwinkel:	93°	
Plattenwinkel:	80°	
Plattenlänge:	12 mm	
Spindeldrehrichtung:	Links	– Anwahl mit **„linker Maustaste“**
Kühlmittel 1:	Aktiv	– Anwahl mit **„linker Maustaste“**
Kühlmittel 2:	Nicht aktiv	– Anwahl mit **„linker Maustaste“**
Werkzeugspezifische Funktionen:	Maschinenabhängig, hier nicht verwendet	

4.3 Definition des Schlichtdrehwerkzeugs Außen

Es müssen folgende Bedienhandlungen/Eingaben ausgeführt werden:

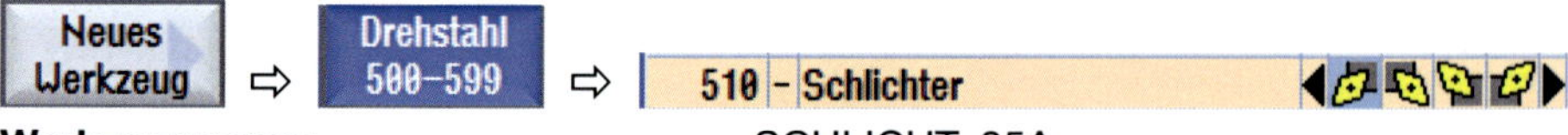

Werkzeugname:	SCHLICHT_35A	
Länge X:	82,553 mm	
Länge Z:	41,773 mm	
Radius:	0,400 mm	
Bezugsrichtung für den Halterwinkel:	von Z+ nach Z-	
Halterwinkel:	93°	
Plattenwinkel:	35°	
Plattenlänge:	12 mm	
Spindeldrehrichtung:	Links	– Anwahl mit **„linker Maustaste“**
Kühlmittel 1:	Aktiv	– Anwahl mit **„linker Maustaste“**
Kühlmittel 2:	Nicht aktiv	– Anwahl mit **„linker Maustaste“**

4.4 Definition des Schlichtdrehwerkzeugs Innen

Es müssen folgende Bedienhandlungen/Eingaben ausgeführt werden:

Werkzeugname:	SCHLICHT_35I
Länge X:	-11,544 mm
Länge Z:	145,548 mm
Radius:	0,400 mm
Bezugsrichtung für den Halterwinkel:	von Z+ nach Z-
Halterwinkel:	93°
Plattenwinkel:	35°
Plattenlänge:	8 mm
Spindeldrehrichtung:	Links – Anwahl mit **„linker Maustaste“**
Kühlmittel 1:	Aktiv – Anwahl mit **„linker Maustaste“**
Kühlmittel 2:	Nicht aktiv – Anwahl mit **„linker Maustaste“**

4.5 Definition des Einstechdrehwerkzeugs Außen

Es müssen folgende Bedienhandlungen/Eingaben ausgeführt werden:

Neues Werkzeug ⇨ Drehstahl 500-599 ⇨ 520 - Einstecher

Werkzeugname:	STECH_3
Länge X:	74,530 mm
Länge Z:	56,944 mm
Radius:	0,100 mm
Plattenbreite:	3 mm
Plattenlänge:	12 mm
Spindeldrehrichtung:	Links – Anwahl mit **„linker Maustaste“**
Kühlmittel 1:	Aktiv – Anwahl mit **„linker Maustaste“**
Kühlmittel 2:	Nicht aktiv – Anwahl mit **„linker Maustaste“**

4.6 Definition des Gewindedrehwerkzeugs Außen

Es müssen folgende Bedienhandlungen/Eingaben ausgeführt werden:

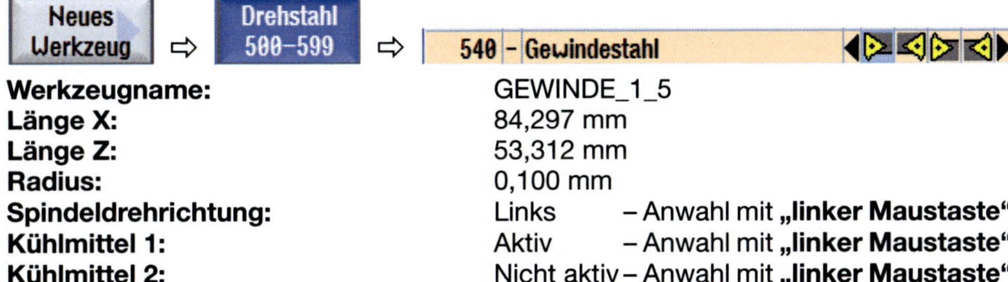

Werkzeugname:	GEWINDE_1_5
Länge X:	84,297 mm
Länge Z:	53,312 mm
Radius:	0,100 mm
Spindeldrehrichtung:	Links – Anwahl mit **„linker Maustaste“**
Kühlmittel 1:	Aktiv – Anwahl mit **„linker Maustaste“**
Kühlmittel 2:	Nicht aktiv – Anwahl mit **„linker Maustaste“**

4.7 Definition des Vollbohrers Ø 30 mm

Es müssen folgende Bedienhandlungen/Eingaben ausgeführt werden:

Werkzeugname:	VOLLBOHRER_D30	
Länge X:	0,000 mm	
Länge Z:	168,760 mm	
Durchmesser:	30,000 mm	
Spindeldrehrichtung:	Rechts	– Anwahl mit **„linker Maustaste“**
Kühlmittel 1:	Aktiv	– Anwahl mit **„linker Maustaste“**
Kühlmittel 2:	Nicht aktiv	– Anwahl mit **„linker Maustaste“**

4.8 Definition des Schaftfräsers Ø 4 mm

Es müssen folgende Bedienhandlungen/Eingaben ausgeführt werden:

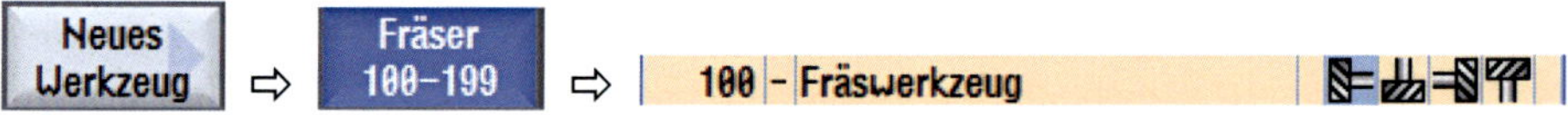

Werkzeugname:	FRAESER_D4	
Länge X:	0,000 mm	
Länge Z:	159,000 mm	
Durchmesser:	4,000 mm	
Anzahl der Zähne:	4	
Spindeldrehrichtung:	Rechts	– Anwahl mit **„linker Maustaste“**
Kühlmittel 1:	Aktiv	– Anwahl mit **„linker Maustaste“**
Kühlmittel 2:	Nicht aktiv	– Anwahl mit **„linker Maustaste“**

4.9 Definition des Zentrierbohrers Ø 10 mm

Es müssen folgende Bedienhandlungen/Eingaben ausgeführt werden:

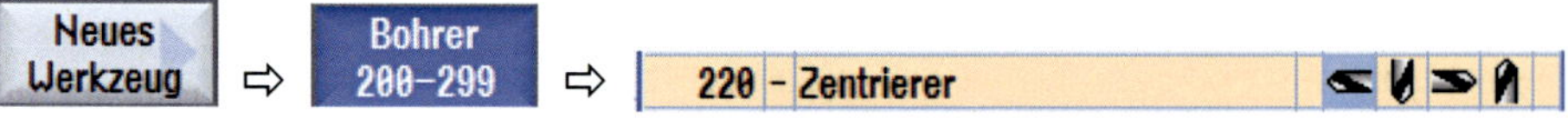

Werkzeugname:	ZENTRIERER_D10	
Länge X:	0,000 mm	
Länge Z:	144,042 mm	
Durchmesser:	10,000 mm	
Spindeldrehrichtung:	Rechts	– Anwahl mit **„linker Maustaste“**
Kühlmittel 1:	Aktiv	– Anwahl mit **„linker Maustaste“**
Kühlmittel 2:	Nicht aktiv	– Anwahl mit **„linker Maustaste“**

4.10 Definition des Spiralbohrers Ø 5 mm

Es müssen folgende Bedienhandlungen/Eingaben ausgeführt werden:

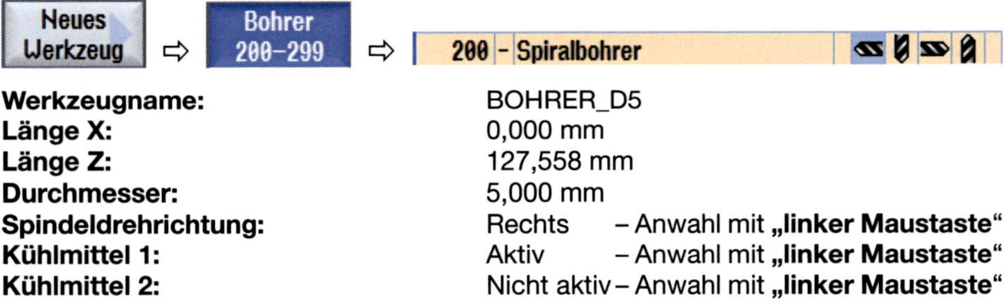

Werkzeugname:	BOHRER_D5
Länge X:	0,000 mm
Länge Z:	127,558 mm
Durchmesser:	5,000 mm
Spindeldrehrichtung:	Rechts – Anwahl mit **„linker Maustaste"**
Kühlmittel 1:	Aktiv – Anwahl mit **„linker Maustaste"**
Kühlmittel 2:	Nicht aktiv – Anwahl mit **„linker Maustaste"**

4.11 Definition des Gewindebohrers M6

Es müssen folgende Bedienhandlungen/Eingaben ausgeführt werden:

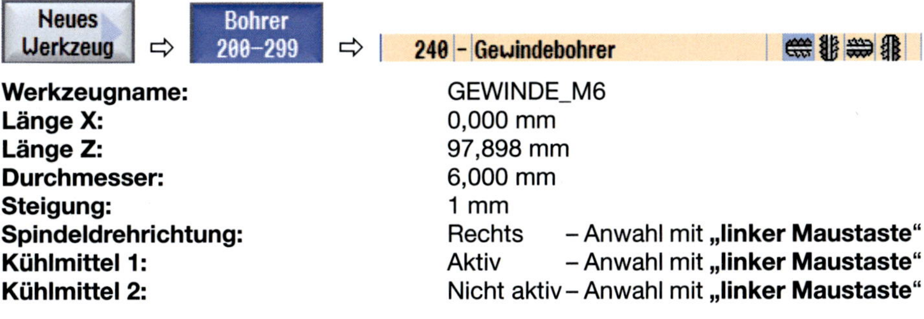

Werkzeugname:	GEWINDE_M6
Länge X:	0,000 mm
Länge Z:	97,898 mm
Durchmesser:	6,000 mm
Steigung:	1 mm
Spindeldrehrichtung:	Rechts – Anwahl mit **„linker Maustaste"**
Kühlmittel 1:	Aktiv – Anwahl mit **„linker Maustaste"**
Kühlmittel 2:	Nicht aktiv – Anwahl mit **„linker Maustaste"**

5 Arbeiten im Bedienbereich Programm-Manager

Auf den nachfolgenden Seiten soll der Bedienbereich Programm-Manager erläutert werden. Dabei soll die Struktur eines ShopTurn-Programms und die zur Verfügung stehenden Funktionen vorgestellt werden.

Aufruf des Bedienbereichs **„Programm-Manager“**:

MENU
SELECT

Programm-
Manager

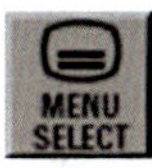

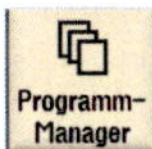

Es erscheint die Übersicht der gespeicherten Werkstückordner (Datentyp WPD) im „Programmmanager“:

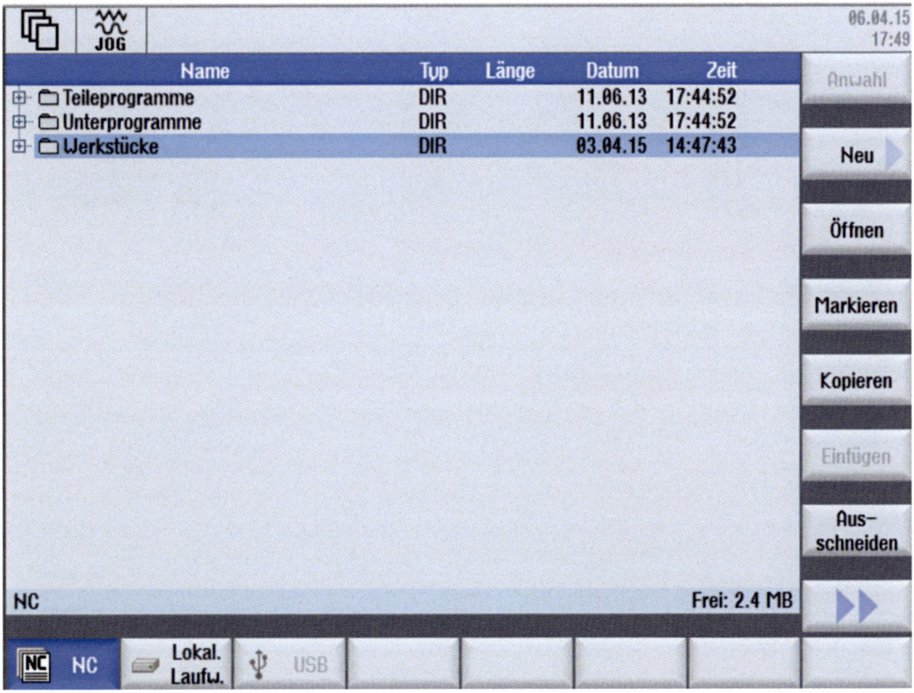
JOG
06.04.15
17:49
Name
Typ
Länge
Datum
Zeit
Teileprogramme DIR 11.06.13 17:44:52
Unterprogramme DIR 11.06.13 17:44:52
Werkstücke DIR 03.04.15 14:47:43
Anwahl
Neu
Öffnen
Markieren
Kopieren
Einfügen
Aus-
schneiden
NC
Frei: 2.4 MB
NC
Lokal.
Laufw.
USB

Der Programmmanager dient zur Handhabung von NC-Programmen auf der Steuerung. Hier können Programme neu erstellt, gelöscht, geladen, entladen, kopiert, angewählt, umbenannt oder nach Extern übertragen werden.

5.1 Öffnen und Schließen von Werkstückordnern

Mit den Cursortasten nach oben/nach unten kann ein Ordner ausgewählt werden, mit der Cursortaste rechts kann ein Ordner geöffnet und mit der Cursortaste links geschlossen werden.

Beispiel:

Name	Typ	Länge	Datum	Zeit
⊞ Teileprogramme	DIR		11.06.13	17:44:52
⊞ Unterprogramme	DIR		11.06.13	17:44:52
⊞ Werkstücke	DIR		03.04.15	14:47:43

Der Ordner „Werkstücke“ ist gerade ausgewählt.
Mit der Cursortaste rechts wird der Ordner geöffnet; somit sind die in diesem Ordner gespeicherten Programme sichtbar:

Name	Typ	Länge	Datum	Zeit
⊞ Teileprogramme	DIR		11.06.13	17:44:52
⊞ Unterprogramme	DIR		11.06.13	17:44:52
⊟ Werkstücke	DIR		03.04.15	14:47:43
⊞ 1	WPD		03.04.15	14:47:44
⊞ EXAMPLE1	WPD		11.06.13	17:44:52
⊞ EXAMPLE2	WPD		11.06.13	17:44:52
⊞ EXAMPLE3	WPD		11.06.13	17:44:52
⊞ EXAMPLE4	WPD		11.06.13	17:44:52
⊞ EXAMPLE5	WPD		11.06.13	17:44:52
⊞ TEMP	WPD		03.04.15	12:35:47

In einem Ordner können mehrere Hauptprogramme und die erforderlichen Unterprogramme gespeichert werden.
Zum Schließen des Ordners muss sich die Markierung in der oberen Zeile befinden, in der links das Symbol des geöffneten Ordners dargestellt ist.

5.2 Öffnen eines Programms

Innerhalb eines geöffneten Ordners sind die Programme (Datentyp MPF) mit den Cursortasten selektierbar. Ein Programm kann mit der Cursortaste rechts geöffnet werden.

Aus einem geöffneten Programm kann man mit der Tastenkombination

wieder in den Programmmanager gelangen.

5.3 Softkeyfunktionen im Programmmanager

In der horizontalen Softkeyleiste sind die Speicherorte innerhalb der Steuerung aufgelistet:

– Die in der Maschine (NC) gespeicherten Ordner und Programme werden angezeigt.

– Die auf dem Laufwerk „Lokalen Laufwerk“ gespeicherten Ordner und Programme werden angezeigt.

– Die auf einem USB-Gerät gespeicherten Ordner und Programme werden angezeigt. Softkey wird aktiv, sobald ein USB-Gerät angeschlossen ist.

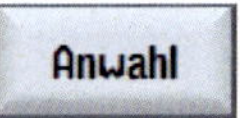

– Ein Programm im Automatik-Modus (zum Zerspanen) anwählen.

In der vertikalen Softkeyleiste sind die Softkeys zur Handhabung von Werkstückordnern und Programmen aufgelistet:

– Einen neuen Werkstückordner erstellen.

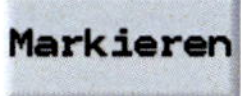

– Einen oder mehrere Werkstückordner markieren (zum Kopieren oder Ausschneiden).

– Einen zuvor kopierten Werkstückordner einfügen.

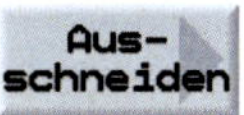

– Den markierten (oder die markierten) Werkstückordner ausschneiden. Alle ausgeschnittenen Ordner werden im Zwischenspeicher gehalten und können mit dem Softkey **„Einfügen“** wieder eingefügt werden.

– Wechsel zur zweiten Softkeyebene

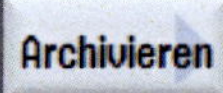

- Programme oder Ordner aus dem NC-Speicher auf dem lokalen Laufwerk speichern. Anlegen von Archiven

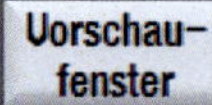

- Einblenden des Vorschaufensters um den Inhalt von Programmen zu sehen

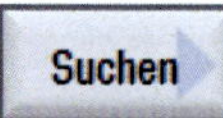

- Suchen von Ordnern, Programmen und Dateien über Suchworteingabe

- Anzeigen von Pfad, Name und Dateigröße, ändern von Programmnamen und vergeben von Zugriffsrechten

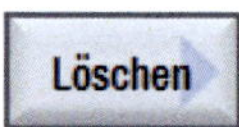

- Löschen von Ordnern und Programmen

- Wechsel zur ersten Softkeyebene

5.4 Funktionen innerhalb eines Programms

Bei einem geöffneten Programm erscheint der Arbeitsplan, der die einzelnen Bearbeitungsschritte enthält. Auf den beiden Softkeyleisten sind die Editierfunktionen für Programmerstellung aufgelistet:

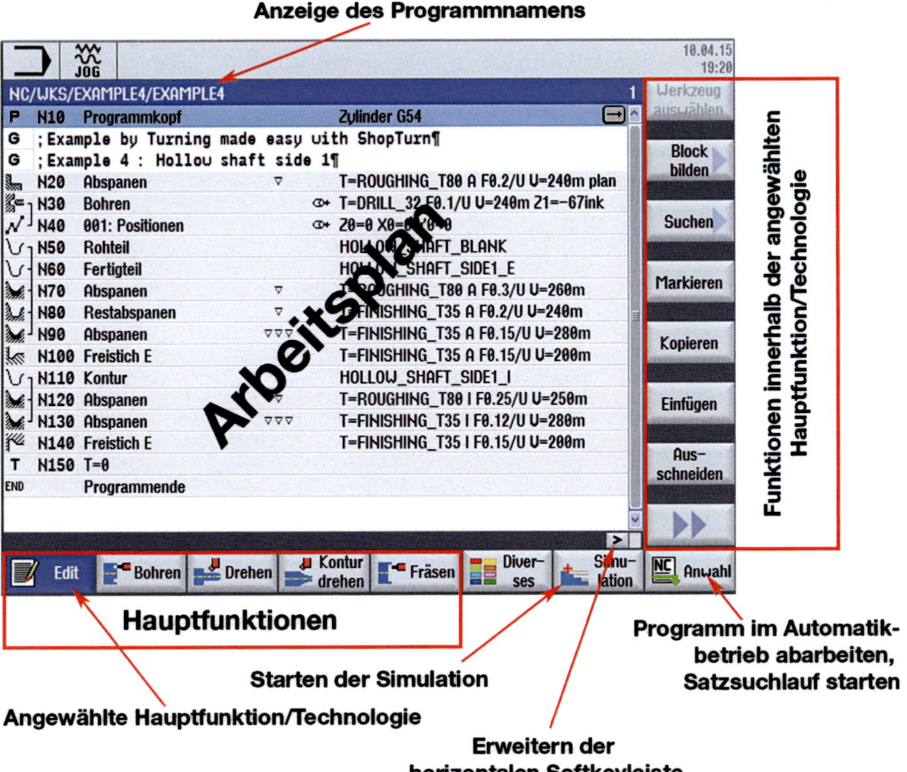

In der horizontalen Softkeyleiste sind die Hauptfunktionen aufgelistet; die vertikale Leiste zeigt die Funktionen der gerade angewählten Hauptfunktion. Sie ist petrolfarben hinterlegt.

Die einzelnen Hauptfunktionen mit den zugehörigen Unterfunktionen werden auf den nächsten Seiten ausführlicher erklärt.

5.4.1 Funktionen im Bereich „Edit“

In der Hauptgruppe

sind Funktionen zum Editieren des Arbeitsplans hinterlegt

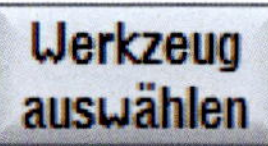

– Auswahl des im Programm benötigten Werkzeugs.

– Zusammenfassen mehrerer Sätze zu Programmblöcken um stärker zu strukturieren.

– Suche nach einem Text innerhalb des Programms.

– Markieren von mehreren Programmsätzen

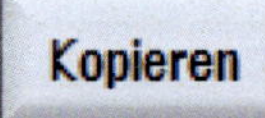

– Kopieren aller markierten Programmsätze in den Zwischenspeicher.

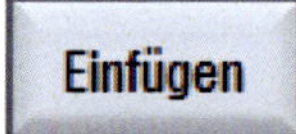

– Einfügen von Sätzen aus dem Zwischenspeicher.

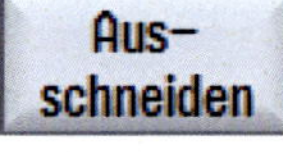

– Ausschneiden aller markierten Programmsätze.

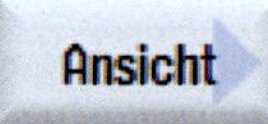

Alle Blöcke zuklappen

– Programmblöcke in der Ansicht auf-, oder zuklappen

– Anzeige der Programmiergrafik

Neu nummerier.

– Das Programm durchgehend neu nummerieren.

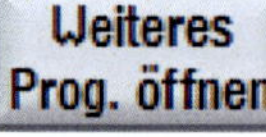

– ein weiteres Programm öffnen (der Editorbildschirm wird geteilt)

Einstellungen
- allgemeine Editiereinstellungen

Schließen
- Schließen eines Programms

5.4.2 Funktionen im Bereich „Bohren“

In der Hauptgruppe

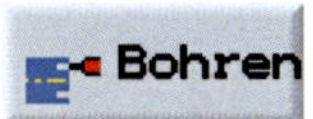

befinden sich die Zyklen zur Herstellung von Bohrungen, Gewindebohrungen und ausgedrehten (ausgespindelten) Bohrungen. Auch die Zyklen zur Definition von Positionsmustern sind hier zu finden. Die Zyklen für die Beschreibung von Positionsmustern können auch mit Zyklen aus dem Bereich **„Fräsen“** verknüpft werden (z. B. mit dem Fräszyklus **„Kreistasche“**).

- Zyklus zum Bohren mit einem feststehenden Bohrwerkzeug (Bohrung ist im Werkstückzentrum) mit Spänebrechen oder Entspanen.

- Zyklus zum Gewindebohren mit einem feststehenden Gewindebohrer (die Gewindebohrung ist im Werkstückzentrum) mit Spänebrechen oder Entspanen.

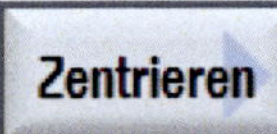

- Zyklus zum Zentrieren auf Stirn- oder Mantelflächen mit angetriebenen Werkzeugen.

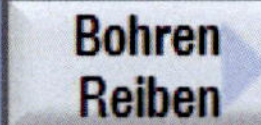

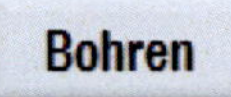

- Zyklus zum Bohren auf Stirn- oder Mantelflächen mit angetriebenen Werkzeugen.

- Zyklus zum Reiben auf Stirn- oder Mantelflächen mit angetriebenen Werkzeugen.

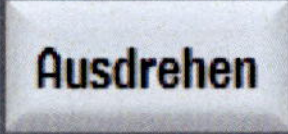

- Zyklus zum Ausdrehen (Spindeln) von Bohrungen auf Stirn- und Mantelflächen mit angetriebenen Werkzeug.

- Zyklus zum Tiefbohren auf Stirn- oder Mantelflächen mit angetriebenen Werkzeugen mit Spänebrechen oder Entspanen.

Gewinde

Gewinde bohren

– Zyklus zum Gewindebohren auf Stirn- oder Mantellächen mit angetriebenen Werkzeugen mit Spänebrechen oder Entspanen.

Bohrgew. fräsen

– Zyklus zum Bohrgewindefräsen auf Stirnflächen mit angetriebenen Werkzeug

Positionen

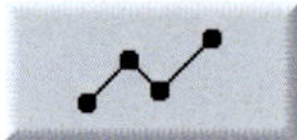

– Positionsmuster für beliebige Positionen rechtwinklig oder polar auf Stirn- oder Mantelfläche.

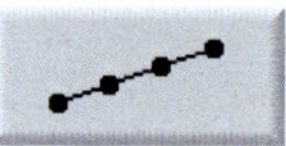

– Positionsmuster Linie, Gitter.

– Positionsmuster Teilkreis, Vollkreis auf Stirn- oder Mantelfläche.

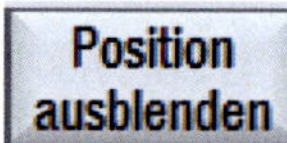

– Ausblenden einzelner Positionen aus den Positionsmustern

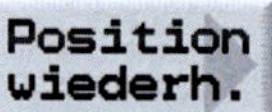

– Wiederholung eines zuvor definierten Positionsmusters.

5.4.3 Funktionen im Bereich „Drehen“

Die Zyklen im Bereich

sind für Standard-Drehoperationen mit Regelgeometrien. Im Gegensatz zum Bereich „Konturdrehen“ können keine beliebigen Konturen definiert und gefertigt werden.

- Abspanen mit rechtwinkliger Regelgeometrie.

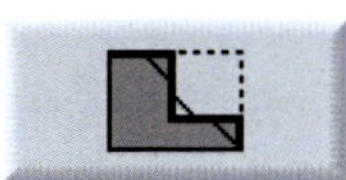

- Abspanen mit rechtwinkliger Regelgeometrie und Radien oder Fasen.

- Einstich mit rechtwinkligen Flanken, ohne Radien oder Fasen an den Übergängen.

- Einstich mit Flanken unter einem Winkel und Radien oder Fasen an den Übergängen.

- Einstich mit Flanken unter einem Winkel und Radien oder Fasen an den Übergängen an einer schrägen Mantelfläche.

Freistich Form E
- Freistich nach DIN 509 Form E außen oder innen.

Freistich Form F
- Freistich nach DIN 509 Form F außen oder innen.

Freistich Gew. DIN
- Gewindefreistich nach DIN 76 außen und innen.

Freistich Gewinde
- Gewindefreistich mit frei wählbaren Parametern.

Gewinde

Gewinde Längs
- Längsgewinde an zylindrischen Flächen innen oder außen.

Gewinde Kegel
- Längsgewinde an kegeligen Flächen innen oder außen.

Gewinde Plan
- Plangewinde innen oder außen.

Gewinde Kette
- Programmieren einer Gewindekette mit unterschiedlichen Steigungen, Winkel und Abschnitte.

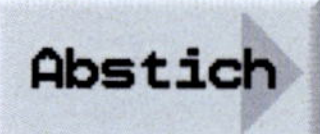

- Zyklus zum Abstechen (ggf. mit Teilefängerfunktion, wenn an der Maschine vorhanden).

5.4.4 Funktionen im Bereich „Konturdrehen“

Die Zyklen aus dem Bereich

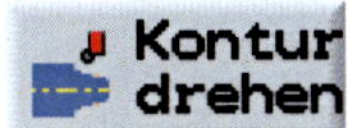

werden zur Herstellung von Drehwerkstücken mit einer beliebigen (selbst bestimmten) Kontur verwendet.

– Aufruf des Konturzugrechners zur Definition einer beliebigen Drehkontur.

– Abspanzyklus zum Schruppen/Schlichten von beliebigen Konturen außen und innen.

– Entfernen von Restmaterial, welches von einem vorhergehenden Abspanzyklus verblieben ist.

– Herstellen einer beliebigen Kontur mit Stechwerkzeugen außen oder innen.

– Entfernen von Restmaterial mit Stechwerkzeugen außen oder innen.

– Herstellen einer beliebigen Kontur im Stechdrehverfahren außen oder innen.

– Entfernen von Restmaterial im Stechdrehverfahren außen oder innen.

5.4.5 Funktionen im Bereich „Fräsen“

Die Zyklen im Bereich

Fräsen

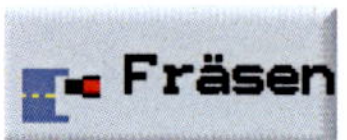

sind für sämtliche Bearbeitungen mit angetriebenen Fräswerkzeugen gedacht.
Zur Auswahl stehen:

Tasche

Rechteck-tasche – Fräszyklus für Rechtecktaschen.

Kreis-tasche – Fräszyklus für Kreistaschen.

Zapfen

Rechteck-zapfen – Fräszyklus für Rechteckzapfen.

Kreis-zapfen – Fräszyklus für Kreiszapfen.

Mehrkant – Fräszyklus für die Herstellung von Mehrkantprofilen auf Stirnflächen.

Nut

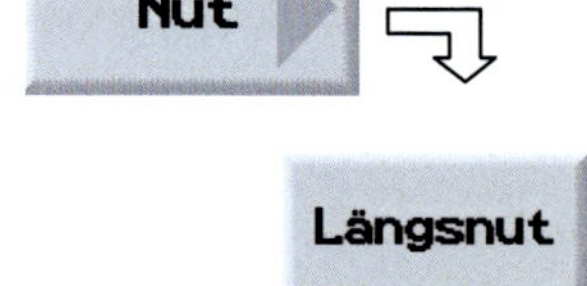

Längsnut – Fräszyklus für Längsnuten auf der Stirn- oder Mantelfläche.

Kreisnut

- Fräszyklus für Kreisnuten auf Voll- oder Teilkreis auf der Stirn- oder Mantelfläche.

Offene Nut

- Fräszyklus für offene Nuten auf der Stirn- oder Mantelfläche

- Zyklus zum Gravieren von freien Texten, Sonderzeichen, Datum, Uhrzeit, Stückzahlen auf Stirn- oder Mantelflächen.

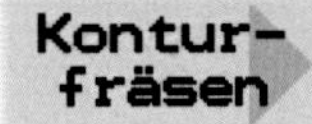

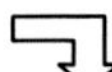

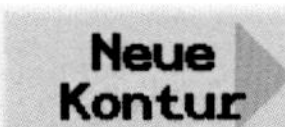

- Aufruf des Konturzugrechners zum Erstellen von beliebigen Konturen.

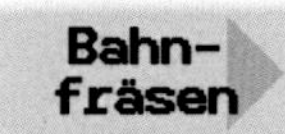

- Bahnfräszyklus zum Schruppen/ Schlichten von beliebigen Konturen.

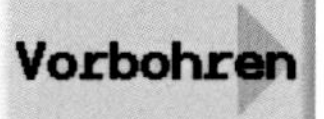

- Zentrieren/Vorbohren von Konturtaschen zum späteren Eintauchen.

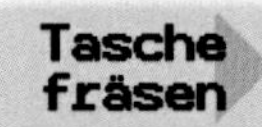

- Ausräumen von geschlossenen Konturtaschen mit Berücksichtigung von Inselkonturen und Restmaterial.

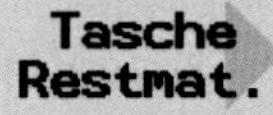

- Zyklus zum Entfernen von Restmaterial aus einem vorhergehenden Taschenfräszyklus.

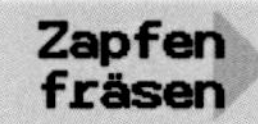

- Zyklus zur Herstellung von Konturzapfen inklusive Restmaterialerkennung.

Zapfen Restmat.

- Zyklus zum Entfernen von Restmaterial an einem Konturzapfen.
- Fräszyklus für Kreisnuten auf Voll- oder Teilkreis auf der Strin- oder Mantelfläche

5.4.6 Funktionen im Bereich „Diverses“

Aus der Gruppe

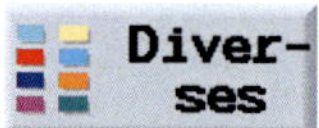

können weitere Programmierfunktionen aufgerufen werden:

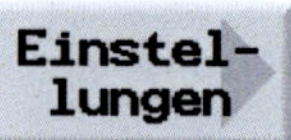

– Ändern der im Programm gültigen Einstellungen für den Rückzug, Werkzeugwechselpunkt, Sicherheitsabstand, Drehzahlgrenzen und dem Bearbeitungsdrehsinn.

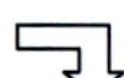

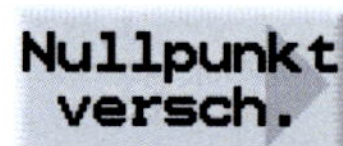

– Anwahl einer Nullpunktverschiebung.

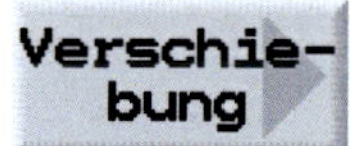

– Verschiebung des aktiven Werkstückkoordinatensystems in X/Y/Z.

– Drehen des aktiven Werkstückkoordinatensystems um X/Y/Z.

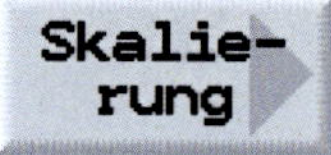

– Skalierung in X/Y oder/und in der Z-Achse.

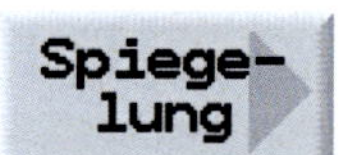

– Spiegeln von Achsen in X/Y/Z .

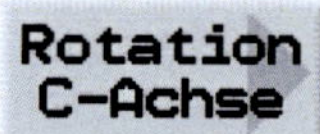

– Offset für die C-Achse zur Erzeugung von Fräsmustern.

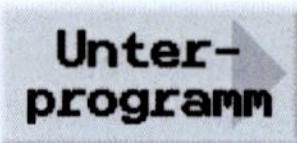

– Aufruf eines Unterprogramms.

HighSpeed Settings

- aktivieren von Maschinenparametereinstellungen zur Erzielung unterschiedlicher Oberflächengüten, Genauigkeiten und Bearbeitungsgeschwindigkeiten.

Programm wiederhol.

Marke setzen

- Marke in den Arbeitsplan einfügen für die Wiederholung von Programmabschnitten

Programm wiederhol.

- Einen Programmabschnitt, der sich zwischen Markierungen befindet, wiederholen.

5.4.7 Funktionen im Bereich „Gerade/Kreis“

Durch Drücken des kleinen Pfeiles oberhalb des Softkeys „Simulation“ gelangen Sie auf die Zweite Softkeyebene.

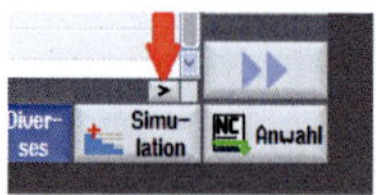

In der Hauptgruppe

sind einzelne Programmierbefehle hinterlegt (also keine Zyklen). Mit diesen Funktionen können einzelne Aktionen ausgeführt werden.

– Werkzeug aufrufen mit Drehzahl/Schnittgeschwindigkeit und Anwahl von Bearbeitungsebenen.

– Programmierung einer geraden Bewegung mit Zielposition in X/Y/Z/C im Eilgang oder Vorschub. Es kann eine Radiuskorrektur angewählt werden.

– Programmierung eines Kreisbogens im Uhrzeigersinn oder im Gegenuhrzeigersinn. Die Ziel- und Mittelpunktskoordinaten sowie der Vorschub können bestimmt werden.

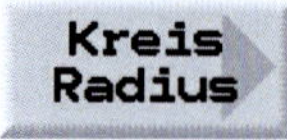

– Programmierung eines Kreisbogens im Uhrzeigersinn oder im Gegenuhrzeigersinn. Die Zielkoordinaten mit Kreisradius sowie der Vorschub können bestimmt werden.

– Programmierung eines Zielpunkts (Gerade oder Kreis) über die Definition eines Polpunktes sowie Polradius und Polwinkel mit Vorschub.

– Definition des Polpunkts.

– Definition einer polaren Geraden über Polradius und Polwinkel mit Vorschub.

– Definition eines polaren Kreises über Polwinkel und Vorschub.

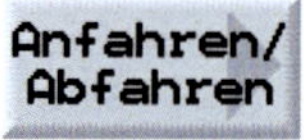

– Programmierung von Anfahr- und Abfahrbewegungen. Es werden mehrere Positionen nacheinander angefahren.

5.5 Simulation von Programmen

Mit dem Softkey

kann das gerade geöffnete Programm simuliert werden.

Voraussetzungen:

- Die im Programm aufgerufenen Werkzeuge müssen im Magazin vorhanden sein.
- Alle im Arbeitsplan erscheinenden Klammern neben den Technologiesymbolen müssen durchgängig sein.

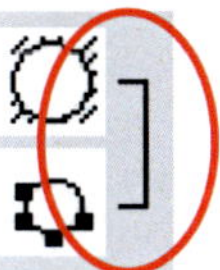

Nachdem der Softkey **„Simulation“** betätigt wurde, wird die Simulation geladen und automatisch gestartet. Der folgende Screenshot zeigt die Simulation der Programmierübung 1:

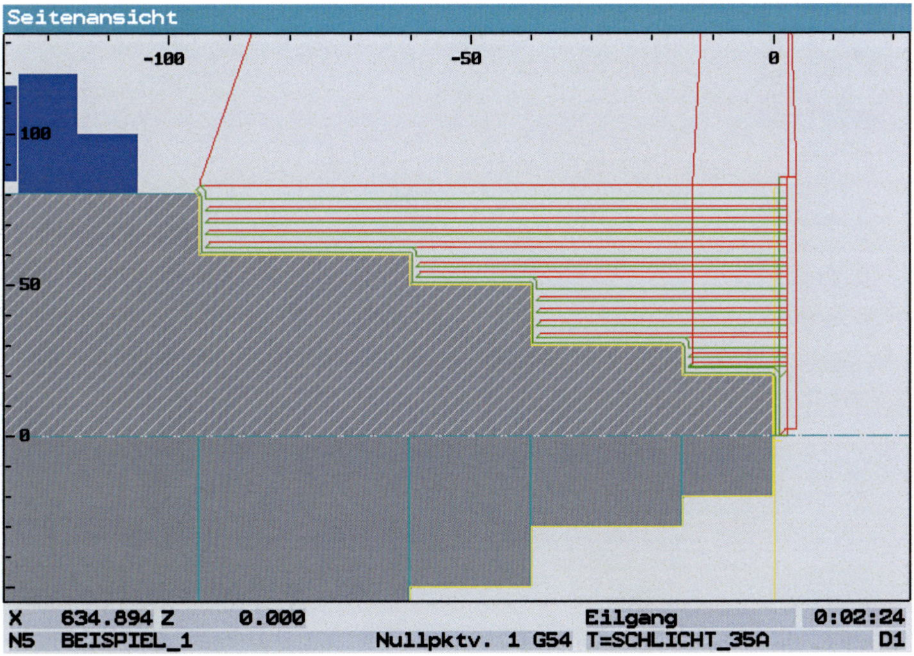

Seitenansicht

-100 -50 0

100 50 0

X 634.894 Z 0.000 Eilgang 0:02:24
N5 BEISPIEL_1 Nullpktv. 1 G54 T=SCHLICHT_35A D1

Die Geschwindigkeit der Simulation kann mit dem dargestellten Vorschub-Override Drehknopf eingestellt werden, indem Sie den inneren Punkt (siehe Pfeil) mit gedrückter, linker Maustaste „festhalten“ und auf die gewünschte Prozentzahl drehen.

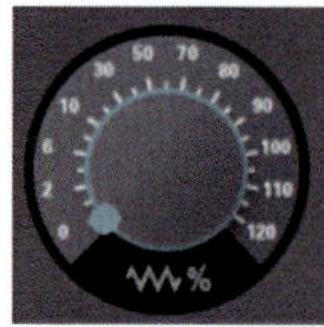

5.5.1 Weitere Funktionen der Simulation

– Starten der Simulation.

– Reset, Zurücksetzen der Simulation

– Ansichtsvariante Z-X-Ebene

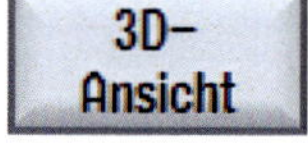

– Ansichtsvariante 3-D-Ansicht

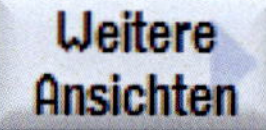

– 2-Fenster Ansicht (Stirn- und Seitenansicht)
Halbschnitt Ansicht – Stirnansicht

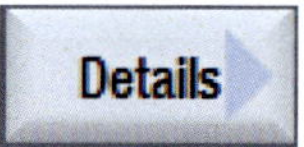

– Zoomfunktionen
Lupe – Ansicht drehen – Schnittdarstellungen

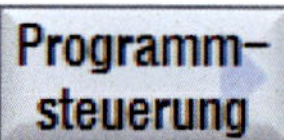

– Overridefunktionen
Einzelsatz ein- ausschalten – Simulationsalarme anzeigen lassen

WKZ-Bahn anzeigen

– Anzeigen der einzelnen Werkzeugbahnen

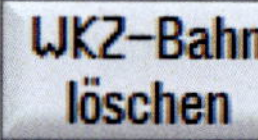

– Löschen der Werkzeugbahnen

5.6 Struktur eines Arbeitsplans

Nachdem die Funktionen des Programmeditors vorgestellt wurden, soll nun die Struktur eines Programms erläutert werden. Im Zusammenhang mit der grafischen ShopTurn-Programmierung wird hier vom Arbeitsplan gesprochen.
Der Arbeitsplan ist eine Verkettung von einzelnen Arbeitsschritten und enthält in der ersten Zeile immer einen Programmkopf und in der letzten Zeile ein Programmende.

Zwischen beiden (Programmkopf und Programmende) befinden sich alle erforderlichen Arbeitsschritte zur Herstellung eines Werkstücks.

Beispiel:

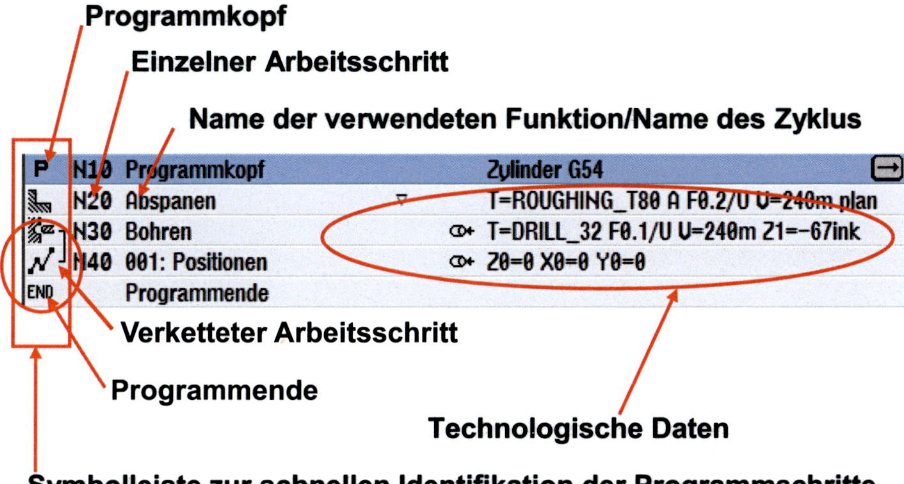

Ein verketteter Programmschritt ist durch eine schwarze Klammer neben den Arbeitsschrittsymbolen gekennzeichnet. Diese muss durchgehend geschlossen sein.

6 Anlegen von neuen Programmen

Die Handhabung von NC-Programmen findet im Bedienbereich „Programm Manager" statt. Über die Bedienfolge

gelangt man in die Übersicht aller gespeicherten Werkstückordner und Programme:

Name	Typ	Länge	Datum	Zeit
Teileprogramme	DIR		11.06.13	17:44:52
Unterprogramme	DIR		11.06.13	17:44:52
Werkstücke	DIR		11.06.13	17:44:52

Funktionstasten in der Programmübersicht:

Cursor hoch: Blättern nach oben
Cursor runter: Blättern nach unten
Cursor rechts: Öffnen von Ordnern, Programmen oder Eingabemasken von Arbeitsschritten
Cursor links: Schließen von Ordnern oder Eingabemasken von Arbeitsschritten
Input: Bestätigen/Übernahme von Eingaben

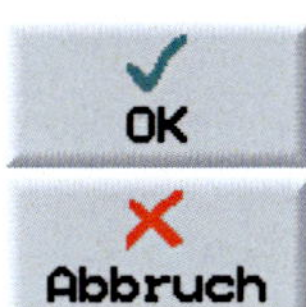

Bestätigen/Übernahme von Eingaben

Abbrechen des Eingabedialogs

Navigation in der Programmübersicht:

Die in der Steuerung vorhandenen Programme sind in einzelnen Werkstückordnern (WPD = Work Piece Directory) abgelegt. Über die Cursortasten hoch/runter kann ein Ordner selektiert werden, mit der Cursortaste

kann ein Ordner geöffnet werden, mit der Cursortaste

kann er geschlossen werden.

Über den Softkey

wird der Eingabedialog zur Benennung des Verzeichnisses gestartet.
Hier kann der gewünschte Name vergeben werden.

Mit 

oder 

wird die Eingabe bestätigt. Statt der **„INPUT“**–Taste kann die Eingabetaste (Enter) auf der PC-Tastatur verwendet werden.

Nachdem Sie ein neues Verzeichnis angelegt haben werden Sie über im Überblendfenster direkt aufgefordert ein neues Hauptprogramm (.MPF) anzulegen welches zunächst den gleichen Namen wie der Ordner trägt. Da Sie mit der Steuerung sowohl Shop Turn- als auch G-Code-Programme anlegen können müssen Sie nun den Softkey ShopTurn drücken und mit OK bestätigen.

Einen geöffneten Werkstückordner kann man an der ersten Zeile erkennen, die ein Symbol eines geöffneten Ordners enthält:

Name	Typ	Länge	Datum	Zeit
Teileprogramme	DIR		11.06.13	17:44:52
Unterprogramme	DIR		11.06.13	17:44:52
Werkstücke	DIR		12.04.15	19:38:36
EXAMPLE1	WPD		11.06.13	17:44:52
EXAMPLE1	MPF	2141	12.04.15	18:51:11

Die Programme werden als Datentyp MPF (Main Program File) gekennzeichnet.

Unterhalb der ersten Zeile, die den Namen des gerade geöffneten Ordners zeigt, sind die innerhalb des Ordners gespeicherten Programme sichtbar. Die Programme können mit der Taste **„Input“** oder mit der Cursortaste **„rechts“** geöffnet werden.

Ist ein Programm geöffnet, kann man mit folgender Tastenkombination wieder in die Programmübersicht zurückspringen:

Es gilt: In der Übersicht der Werkstückordner (WPD) können nur neue Ordner erzeugt werden. Innerhalb eines geöffneten Ordners können nur neue Programme (MPF) angelegt werden.

7 Programmierübung 1

Bei der Programmierübung 1 werden zwei Abspanzyklen verwendet. Die Kontur wird im Konturzugrechner erstellt. Die Kontur selbst besteht aus einer Verkettung von horizontalen und vertikalen Geraden.

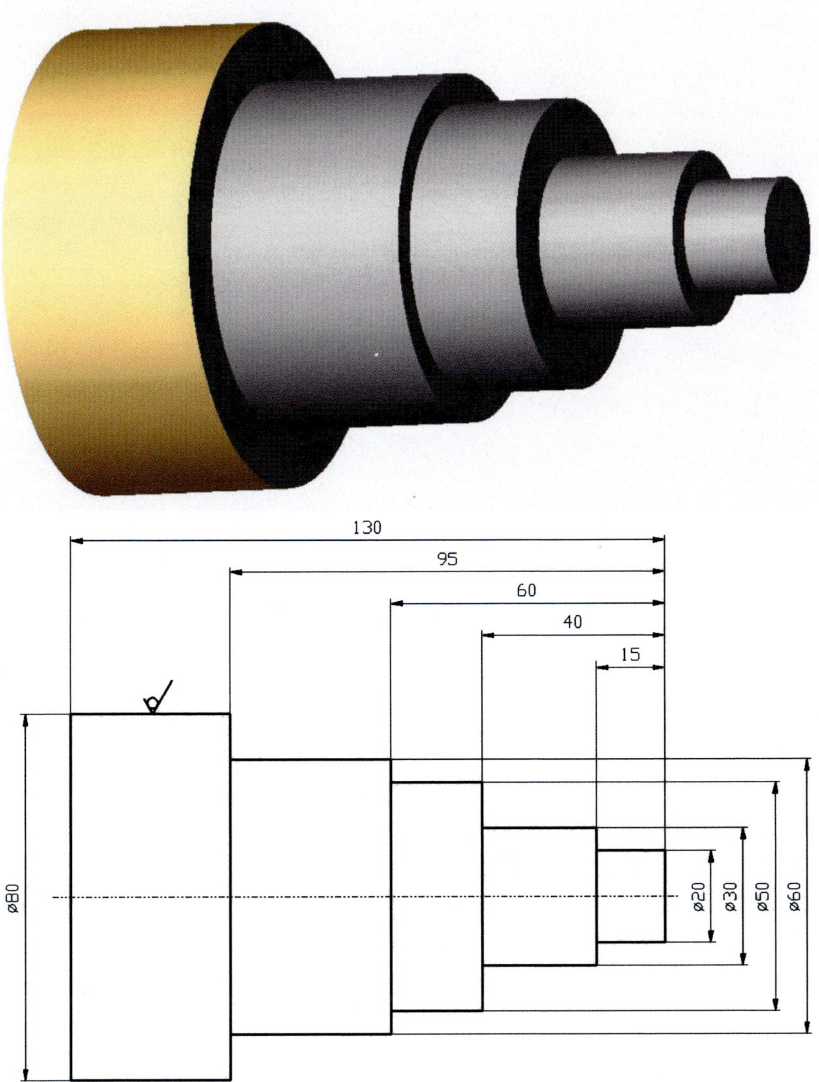

Alle Außenkanten sollen mit einer Fase 0,2 x 45° versehen werden.

7.1 Arbeitsplan

Arbeits-schritt	Werkzeugname	Platten-winkel [°]	Schneiden-radius [mm]	F [mm/U]	V_C [m/min]
Planfläche überdrehen	SCHRUPP_80A	80	0,8	0,3	300
Kontur vor-schruppen	SCHRUPP_80A	80	0,8	0,4	300
Kontur schlichten	SCHLICHT_35A	35	0,4	0,1	300

Zunächst wird ein Werkstückordner mit dem Namen BEISPIEL_1 mit einem Hauptprogramm BEISPIEL_1 (wie im Kapitel 6 beschrieben) angelegt.

JOG

Name	Typ	Länge	Datum	Zeit
Teileprogramme	DIR		11.06.13	17:44:52
Unterprogramme	DIR		11.06.13	17:44:52
Werkstücke	DIR		12.04.15	19:57:45
BEISPIEL_1	WPD		12.04.15	19:57:21

JOG

Name	Typ	Länge	Datum	Zeit
Teileprogramme	DIR		11.06.13	17:44:52
Unterprogramme	DIR		11.06.13	17:44:52
Werkstücke	DIR		12.04.15	19:57:45
BEISPIEL_1	WPD		12.04.15	19:57:21
BEISPIEL_1	MPF	173	12.04.15	19:57:21

Nachdem der Name des Hauptprogramms übernommen wurde, erscheint die Eingabemaske für den Programmkopf. Die hier festgelegten Einstellungen gelten für den gesamten nachfolgenden Programmablauf.

Beispiel: Alle Fräs- oder Bohrzyklen ziehen auf die hier festgelegte Rückzugsebene zurück. Innerhalb sämtlicher Eingabemasken kann mit der Taste

zwischen einer grafischen Vorschau und einem Hilfebild umgeschaltet werden.

7.2 Eingaben im Programmkopf

Im Programmkopf werden Grundeinstellungen für das aktuelle Programm vorgenommen.

Erklärung der Zyklenparameter:

Parameter	Beschreibung	Einheit
Maßeinheit	Die Einstellung der Maßeinheit im Programmkopf bezieht sich nur auf die Positionsangaben im aktuellen Programm. Alle weiteren Angaben wie Vorschub oder Werkzeugkorrekturen geben Sie in der Maßeinheit ein, die Sie für die gesamte Maschine eingestellt haben.	mm inch
Nullpunktv.	Nullpunktverschiebung, in der der Nullpunkt des Werkstücks gespeichert ist. Sie können die Voreinstellung des Parameters auch löschen, wenn Sie keine Nullpunktverschiebung angeben möchten.	
Rohteil	Form und Abmessungen des Werkstücks definieren:	
	• **Zylinder**	
XA	Außendurchmesser ∅	mm
	• **N-Eck**	
N	Anzahl der Kanten	
SW / L	Schlüsselweite Kantenlänge	mm
	• **Quader mittig**	
W	Breite des Rohteils	mm
L	Länge des Rohteils	mm
	• **Rohr**	
XA	Außendurchmesser ∅	mm
XI	Innendurchmesser ∅ (abs) oder Wandstärke (ink)	mm
ZA	Anfangsmaß	mm
ZI	Endmaß (abs) oder Endmaß bezogen auf ZA (ink)	mm
ZB	Bearbeitungsmaß (abs) oder Bearbeitungsmaß bezogen auf ZA (ink)	mm
Rückzug	Der Rückzugsbereich markiert den Bereich, außerhalb dessen ein kollisionsfreies Verfahren der Achsen möglich sein muss.	
	• einfach	
XRA	Rückzugsebene X außen ∅ (abs) oder Rückzugsebene X bezogen auf XA (ink)	mm
XRI	- nur bei Rohteil "Rohr" Rückzugsebene X innen ∅ (abs) oder Rückzugsebene X bezogen auf XI (ink)	mm
ZRA	Rückzugsebene Z vorne (abs) oder Rückzugsebene Z bezogen auf ZA (ink)	mm
	• erweitert - nicht bei Rohteil "Rohr"	
XRA	Rückzugsebene X außen ∅ (abs) oder Rückzugsebene X bezogen auf XA (ink)	mm
XRI	Rückzugsebene X innen ∅ (abs) oder Rückzugsebene X bezogen auf XI (ink)	mm

Parameter	Beschreibung	Einheit
ZRA	Rückzugsebene Z vorne (abs) oder Rückzugsebene Z bezogen auf ZA (ink)	mm
	• alle	
XRA	Rückzugsebene X außen ∅ (abs) oder Rückzugsebene X bezogen auf XA (ink)	mm
XRI	Rückzugsebene X innen ∅ (abs) oder Rückzugsebene X bezogen auf XI (ink)	mm
ZRA	Rückzugsebene Z vorne (abs) oder Rückzugsebene Z bezogen auf ZA (ink)	mm
ZRI	Rückzugsebene Z hinten	mm
Reitstock	• ja • nein	
XRR	Rückzugsebene Reitstock – (nur bei Reitstock "ja")	mm
Wkzwechselpunkt	Werkzeugswechselpunkt, der vom Revolver mit seinem Nullpunkt angefahren wird. • WKS (Werkzeugkoordinatensystem) • MKS (Maschinenkoordinatensystem) **Hinweise** • Der Werkzeugwechselpunkt muss so weit außerhalb des Rückzugsbereichs liegen, dass beim Schwenken des Revolvers kein Werkzeug in den Rückzugsbereich hinein ragt. • Beachten Sie, dass sich der Werkzeugwechselpunkt auf den Nullpunkt des Revolvers und nicht auf die Werkzeugspitze bezieht.	
XT	Werkzeugwechselpunkt X ∅	mm
ZT	Werkzeugwechselpunkt Z	mm
Spindelfutterdaten	• ja Sie geben Spindelfutterdaten im Programm ein. • nein Es werden Spindelfutterdaten aus Settingdaten übernommen. **Hinweis**: Beachten Sie bitte die Hinweise des Maschinenherstellers.	
Spindelfutterdaten	• nur Futter Sie geben Spindelfutterdaten im Programm ein. • komplett Sie geben Reitstockdaten im Programm ein. **Hinweis**: Beachten Sie bitte die Hinweise des Maschinenherstellers.	
Backenart	• Auswahl der Backenart der Gegenspindel. Bemaßung der Vorderkante oder Anschlagkante - (nur wenn Spindelfutterdaten "ja") • Backenart 1 • Backenart 2	
ZC4	Futtermaß der Hauptspindel - (nur bei Spindelfutterdaten "ja")	mm

Parameter	Beschreibung	Einheit
ZS4	Anschlagmaß der Hauptspindel - (nur bei Spindelfutterdaten "ja")	mm
ZE4	Backenmaß der Hauptspindel bei Backenart 2 - (nur bei Spindelfutterdaten "ja")	mm
ZC3	Futtermaß der Gegenspindel - (nur bei Spindelfutterdaten "ja" und bei eingerichteter Gegenspindel)	mm
ZS3	Anschlagmaß der Gegenspindel - (nur bei Spindelfutterdaten "ja" und bei eingerichteter Gegenspindel)	mm
ZE3	Backenmaß der Gegenspindel bei Backenart 2 - (nur bei Spindelfutterdaten "ja" und bei eingerichteter Gegenspindel)	mm
XR3	Reitstockdurchmesser - (nur bei Spindelfutterdaten "komplett" und eingerichtetem Reitstock)	mm
ZR3	Reitstocklänge - (nur bei Spindelfutterdaten "komplett" und eingerichtetem Reitstock)	mm
SC	Der Sicherheitsabstand definiert, wie nah das Werkzeug im Eilgang an das Werkstück heranfahren darf. **Hinweis** Geben Sie den Sicherheitsabstand ohne Vorzeichen im Inkrementalmaß ein.	
S	Spindeldrehzahl (maximale Drehzahl Hauptspindel) Möchten Sie das Werkstück mit konstanter Schnittgeschwindigkeit bearbeiten, muss die Spindeldrehzahl erhöht werden, sobald der Werkstückdurchmesser kleiner wird. Da die Drehzahl nicht beliebig gesteigert werden kann, können Sie in Abhängigkeit von Form, Größe und Material des Werkstücks oder Futters eine Drehzahlgrenze für die Hauptspindel (S1) und für die Gegenspindel (S3) festlegen. Der Maschinenhersteller legt nur eine Drehzahlgrenze für die Maschine fest, d.h. keine die vom Werkstück abhängig ist. Beachten Sie hierzu bitte die Angaben des Maschinenherstellers.	U/min
Bearbeit.drehsinn	Fräsrichtung • Gegenlauf • Gleichlauf	
Z3W	Bearbeitungsposition der Gegenspindel im MKS.	mm

Das Anfangsmaß ZA wird auf 2 mm gesetzt, weil noch Material beim Plandrehen zerspant wird. Beim Parameter ZRA ist darauf zu achten, dass er vom Wert größer oder gleich ZA + SC ist.

Der Werkzeugwechselpunkt wird im Maschinenkoordinatensystem programmiert, damit immer (unabhängig von der Nullpunktverschiebung) an der gleichen Stelle gewechselt wird.

Über den Softkey

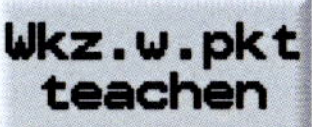

kann die aktuelle Position des Werkzeugträgers in die Parameter **„XT“** und **„ZT“** übernommen werden.

Die Parameter für die 1. Übung werden wie unten abgebildet belegt:

Programmkopf

Parameter	Wert	Einheit
Nullpunktv.	G54	
beschreiben	nein	
Rohteil	Zylinder	
XA	80.000	
ZA	2.000	
ZI	-130.000	abs
ZB	-105.000	abs
Rückzug	einfach	
XRA	84.000	abs
ZRA	3.000	abs
Wkzwechselpunkt	MKS	
XT	250.000	
ZT	468.000	
S1	3000.000	U/min
SC	1.000	
Bearbeit.drehsinn	Gleichlauf	

Die angewählte Nullpunktverschiebung muss später beim Abarbeiten des Programms an der Maschine noch ermittelt werden.

Wegen den Sägespuren auf der Planfläche wird der Parameter **„ZA“** auf 2 mm eingestellt, damit die Planfläche sauber überdreht werden kann.

Die Rückzugsebenen in X und Z werden beide absolut eingetragen.
Es gilt: **ZRA > ZA**

Der Werkzeugwechselpunkt wird hier im Maschinenkoordinatensystem angegeben.

Bei der Wahl der Drehzahlgrenze sind die Angaben des Spannmittelherstellers zu beachten.

7.3 Arbeitsschritt 1: Plandrehen

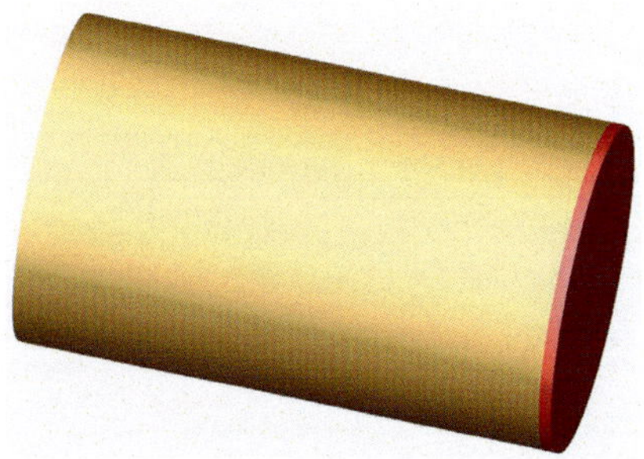

Beim Plandrehen wird nur der rot gekennzeichnete Bereich zerspant. Da die Rohteile meist vom Zusägen keine ebene Stirnfläche haben oder auch unterschiedlich lang sind, wird mit dem ersten Plandrehen eine Bezugsfläche für die weitere Bearbeitung geschaffen.
Da die Fläche später noch geschlichtet werden soll, muss ein Aufmaß für die Schlichtbearbeitung verbleiben.

Bedienfolge im Arbeitsplan:
Der Cursor muss auf den Programmkopf positioniert werden, dann wird der Abspanzyklus aufgerufen:

Für den Werkzeugaufruf wird der Cursor auf das Parameterfeld „T" positioniert und das Werkzeug wird aus dem Magazin ausgewählt:

Anwahl des Werkzeugs „SCHRUPP_80A" im Magazin

Als Schnittwerte werden F mit 0,3 mm/Umdrehung und V_C mit 300 m/min programmiert.

Erklärung der Zyklenparameter:

Parameter	Beschreibung
Bearbeitungsart	▽ Schruppen ▽▽▽ Schlichten
Lage	Auswahlmöglichkeit für außen/innen, Haupt- oder Gegenspindel
Längs **Plan**	Längsabspanen: Die Schnittbewegung findet in Z-Richtung statt Planabspanen: Die Schnittbewegung findet in X-Richtung statt
X0	Lage des Bezugspunktes in der X-Achse im Ø
Z0	Lage des Bezugspunktes in der Z-Achse
X1	Lage des Endpunktes in der X-Achse absolut oder inkremental
Z1	Lage des Endpunktes in der Z-Achse absolut oder inkremental
D	Maximal zulässige Zustellung
UX	Schlichtaufmaß in X
UZ	Schlichtaufmaß in Z

Die verwendeten Eingabeparameter gehen aus dem folgenden Bild hervor:

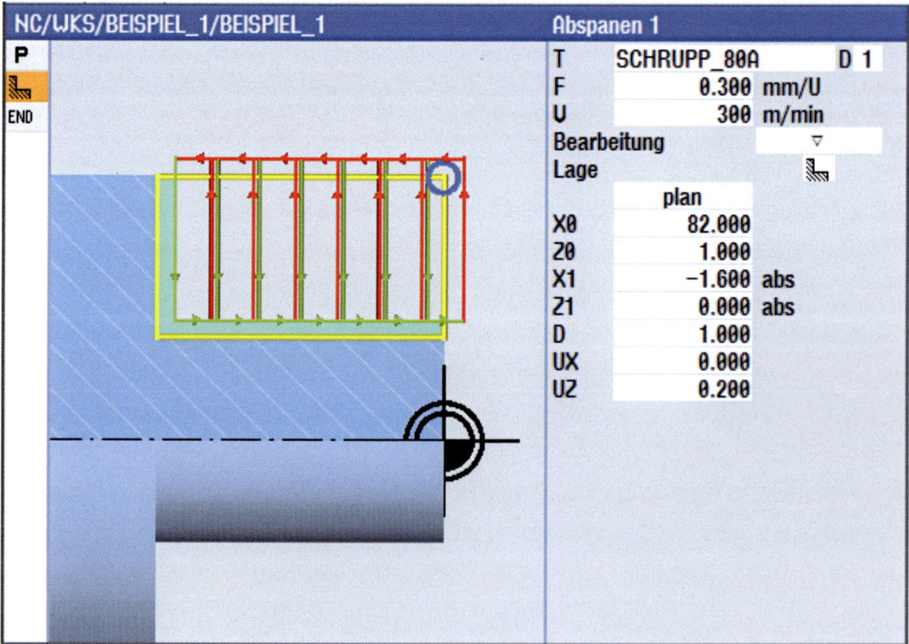

7.4 Arbeitsschritt 2: Bearbeiten der Kontur

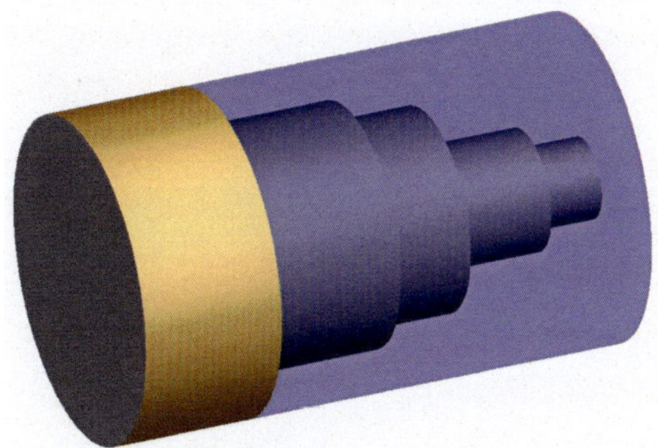

Für die Bearbeitung der Kontur sind drei Arbeitsschritte erforderlich:

1. Beschreibung der Kontur
2. Schruppen der Kontur
3. Schlichten der Kontur

Alle drei Arbeitsschritte sind im Arbeitsplan miteinander verknüpft. Die Kontur des Fertigteils wird im Konturzugrechner nach Zeichnungsmaßen beschrieben.

Die Reihenfolge im Arbeitsplan wird später wie oben beschrieben aussehen:

N15	KONTUR		
N20	Abspanen	∇	T=SCHRUPP_80A F0.4/U V300m
N25	Abspanen	∇∇∇	T=SCHLICHT_35A F0.1/U V300m

7.4.1 Beschreibung der Kontur:

Da es sich hier um eine „freie Kontur" (erstellt im Konturzugrechner) handelt, fällt die Bearbeitung unter die Hauptgruppe

Der Konturzugrechner wird über

gestartet. Im aufgeblendeten Eingabefeld wird der Name der Kontur eingegeben:

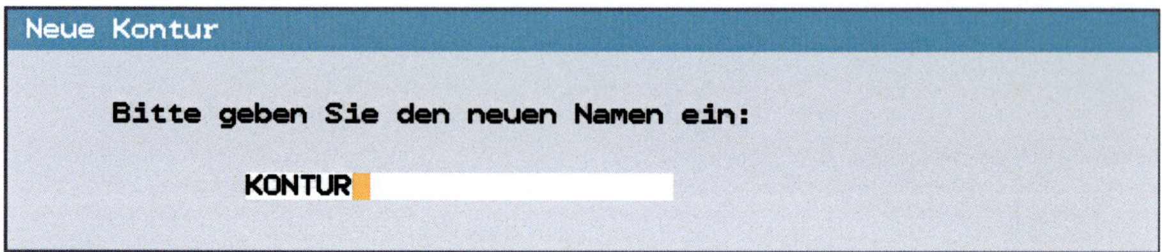

Der Bildschirmbereich des Konturzugrechners ist wie folgt aufgebaut:

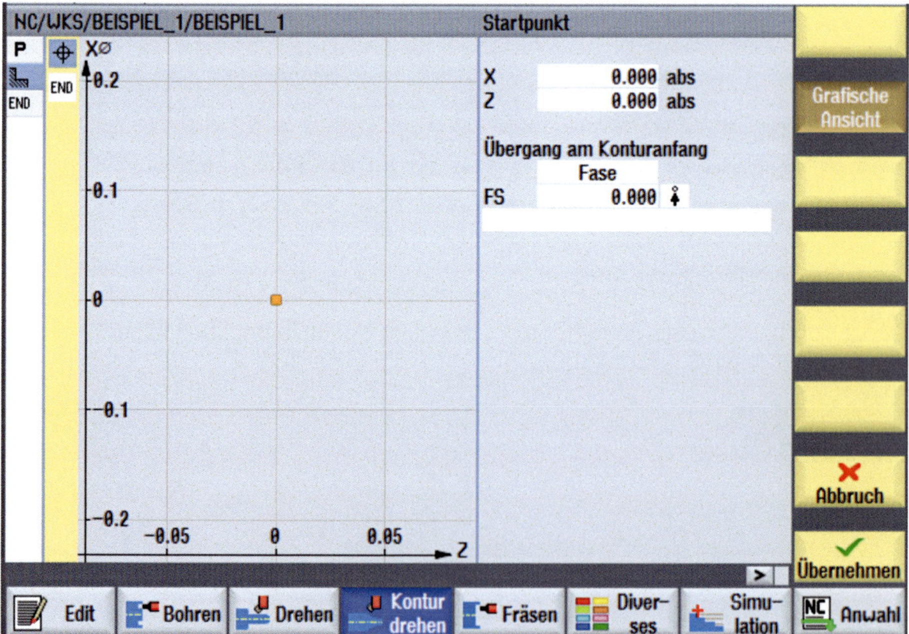

Zunächst werden die einzelnen Konturelemente, die im Konturzugrechner verwendet werden sollen, einzeln auf der Zeichnung festgelegt:

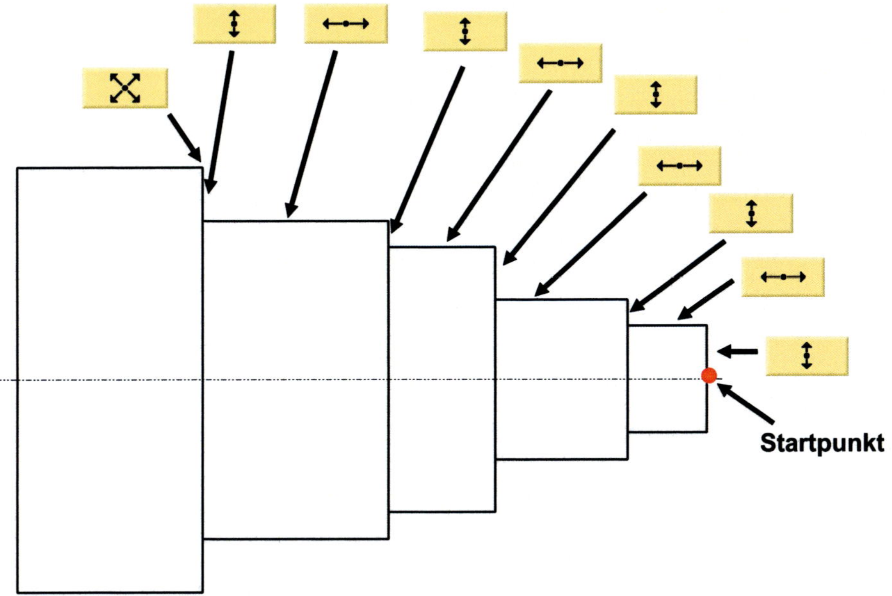

Der Startpunkt wird auf rechte Planfläche in die Drehmitte gelegt. Von dort aus werden die einzelnen Elemente zusammenhängend beschrieben.

Als erstes Element wird der Startpunkt definiert:

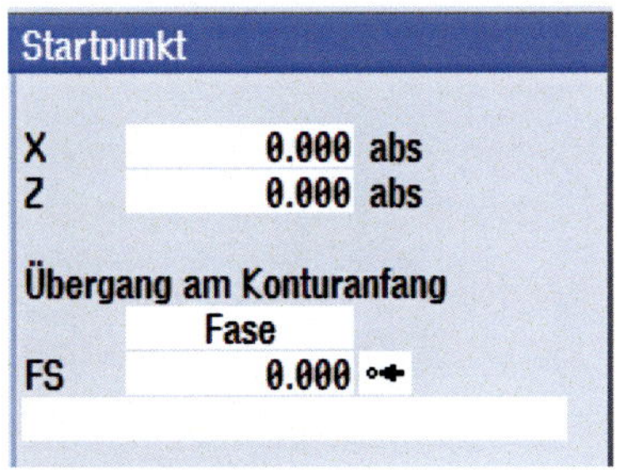

Startpunkt in X: 0 mm
Startpunkt in Z: 0 mm
Fase am Konturanfang: 0 mm
Richtung vor Kontur: von rechts

Als nächstes erscheint auf der vertikalen Softkeyleiste die Elementbibliothek:

- vertikale Gerade

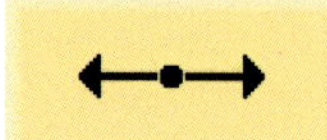
- horizontale Gerade

- Gerade unter einem beliebigen Winkel

- Kreisbogen links/rechts

Kontur schließen - Automatisches Schließen der Kontur

Ausgehend vom zuletzt definierten Element (hier: Startpunkt) wird das Element ausgewählt, das in Fräsrichtung als nächstes an der Kontur verwendet wird:

Im linken Teil des Bildbereichs wird eine Symbolleiste (bzw. ein Strukturbaum) aufgeblendet, in der die verwendeten Elemente der Reihenfolge nach sichtbar sind (siehe nächste Seite). Innerhalb der Symbolleiste kann mit den Cursortasten „hoch/runter“ navigiert werden. Mit der Cursortaste rechts kann ein Element zur Parametereingabe wieder geöffnet werden.
Ein falsch platziertes Element kann mit

gelöscht werden.

Der Strukturbaum für die
Randkontur besteht aus 12
Elementen:

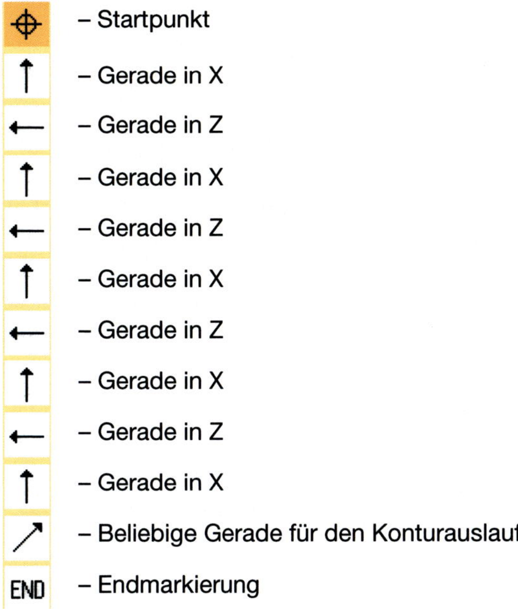

- Startpunkt
- Gerade in X
- Gerade in Z
- Gerade in X
- Gerade in Z
- Gerade in X
- Gerade in Z
- Gerade in X
- Gerade in Z
- Gerade in X
- Beliebige Gerade für den Konturauslauf
- Endmarkierung

Nachdem der Startpunkt definiert ist, wird die Gerade in X+ programmiert:

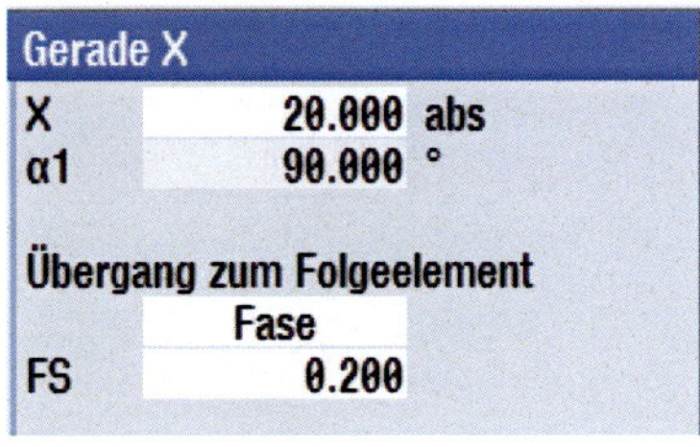

Endpunkt in X: 20 mm
Übergangsfase: 0,2 mm

Am Ende des Kapitels befindet sich eine vollständige Abbildung des Konturzugs.

Als Übergang zum Folgeelement wird eine Fase FS programmiert. Radius oder Fase kann mit

umgeschaltet werden.

Ein Radius ist immer tangential zwischen zwei Elementen eingebunden, eine Fase wird senkrecht zur Winkelhalbierenden von zwei definierten Elementen generiert.

Durch Deaktivieren des Softkey 

werden Hilfebilder zu Fasen, Radien, oder auch Einstiches angezeigt.

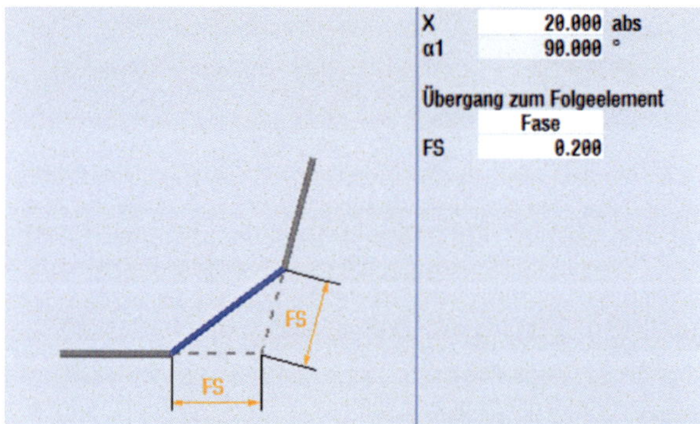

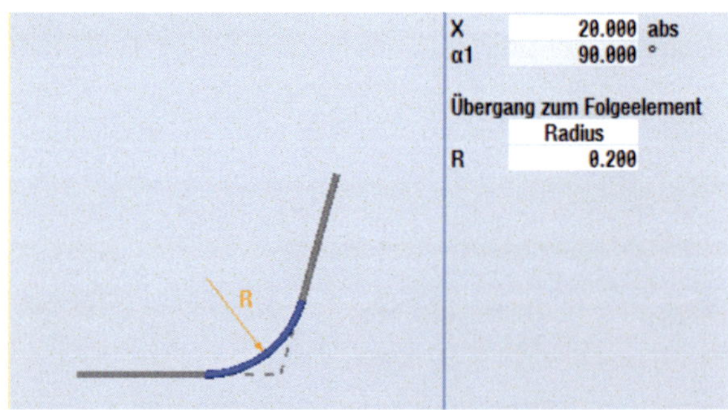

Da für die Randkontur weder Radien noch Fasen erforderlich sind, wird im Feld „Übergang zum Folgeelement“ kein Eintrag vorgenommen.

Ebenso kann die Bemaßung (für den Zielpunkt in Y) mit

zwischen absolut und inkremental umgeschaltet werden.

In den abgebildeten Eingabefenstern werden nur die weiß hinterlegten Parameter eingegeben; die grau hinterlegten Parameter werden von der Steuerung selbst bestimmt.

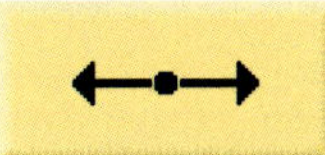

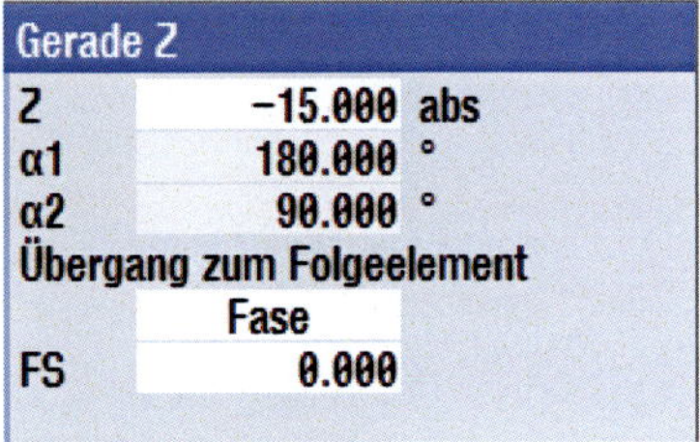

Endpunkt in Z: -15 mm
Übergangsfase: 0 mm

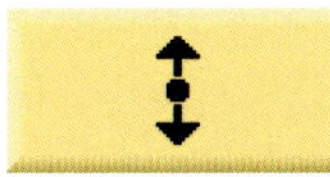

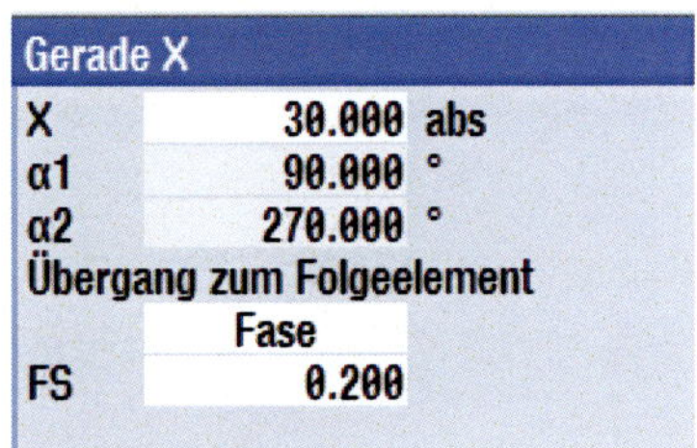

Endpunkt in X: 30 mm
Übergangsfase: 0,2 mm

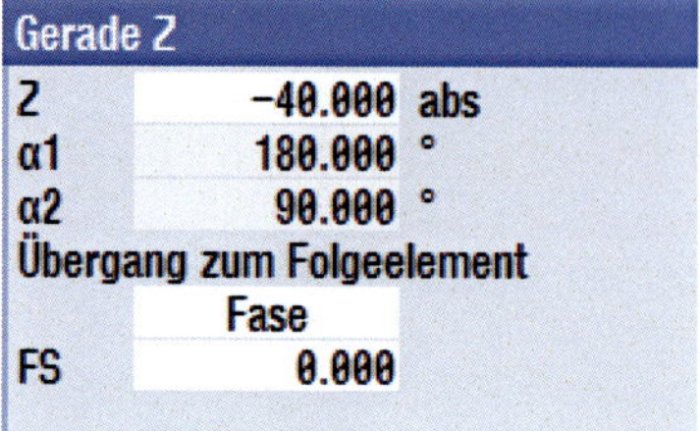

Endpunkt in Z: -40 mm
Übergangsfase: 0 mm

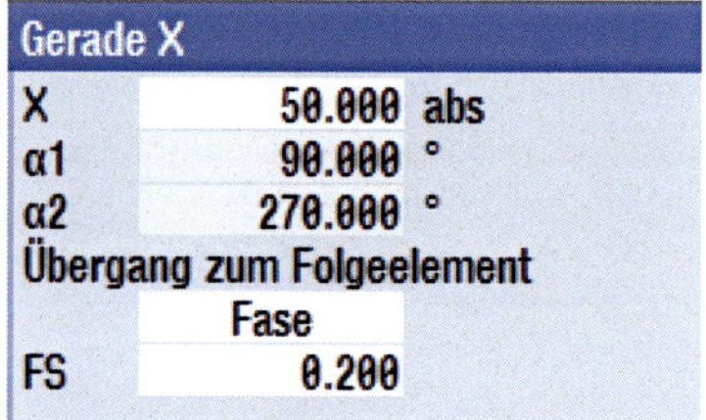

Endpunkt in X: 50 mm
Übergangsfase: 0,2 mm

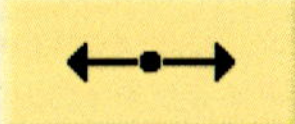

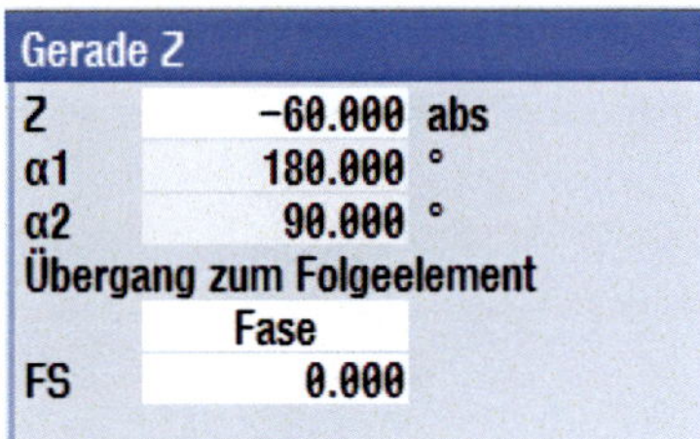

Endpunkt in Z: -60 mm
Übergangsfase: 0 mm

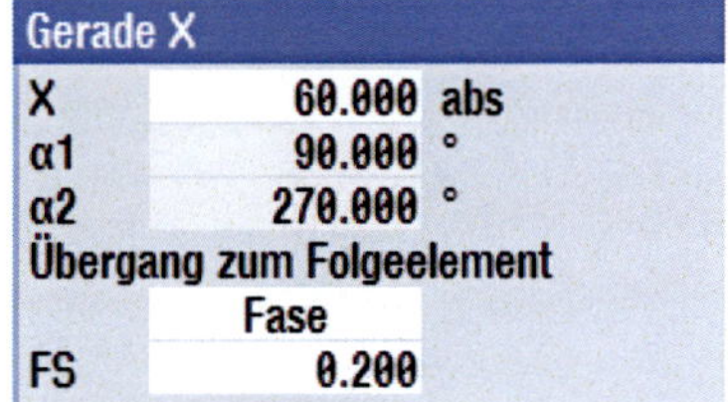

Endpunkt in X: 60 mm
Übergangsfase: 0,2 mm

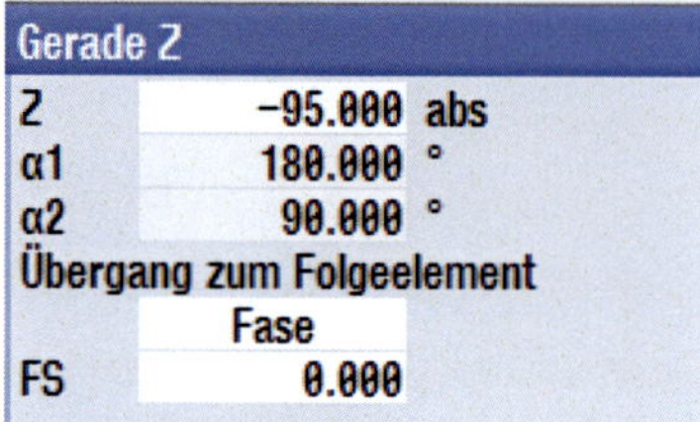

Endpunkt in Z: -95 mm
Übergangsfase: 0 mm

Die Gerade wird nur bis X 79,5 mm programmiert. Anschließend wird eine beliebige Gerade unter einem Winkel von 135° bis X 81 mm programmiert, damit an der Planfläche kein Grat entsteht.

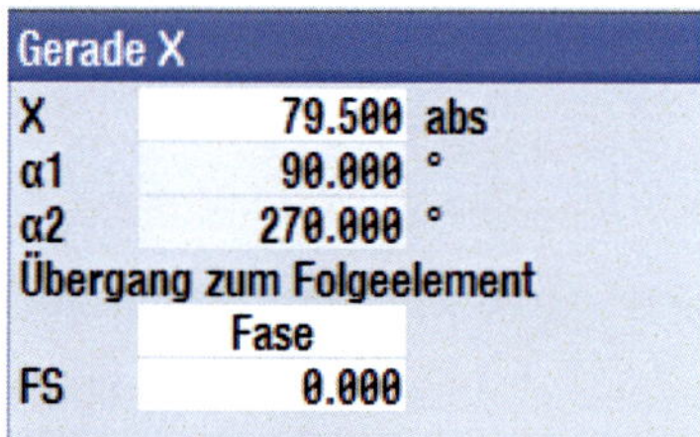

Endpunkt in X: 79,5 mm
Übergangsfase: 0 mm

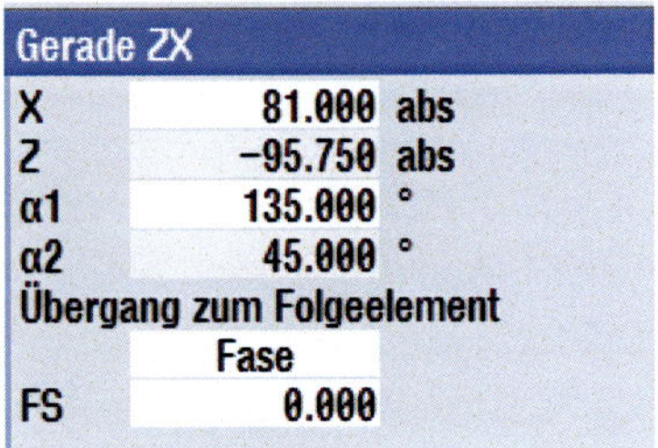

Endpunkt in X: 81 mm
Startwinkel $\alpha 1$: 135°
Übergangsfase: 0 mm

Nach dem letzten Element muss die Kontur vollständig im grafischen Vorschaufenster angezeigt werden:

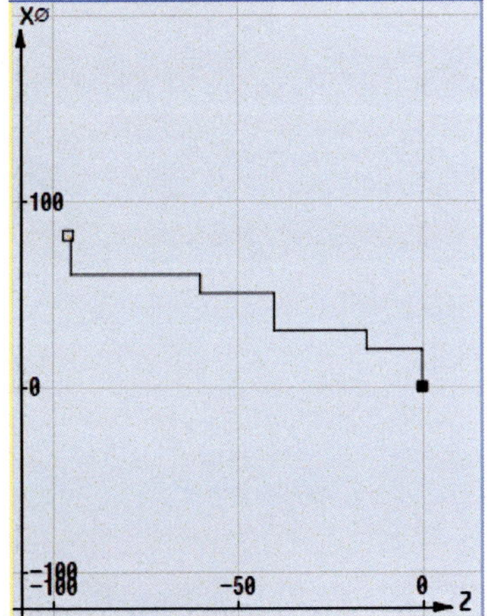

Die Kontur wird mit

in den Arbeitsplan übernommen.

Im Bedienbereich Edit kann mit dem Softkey Grafische Ansicht kontrolliert werden, ob die Kontur korrekt mit den Rohteildaten zusammenpasst.

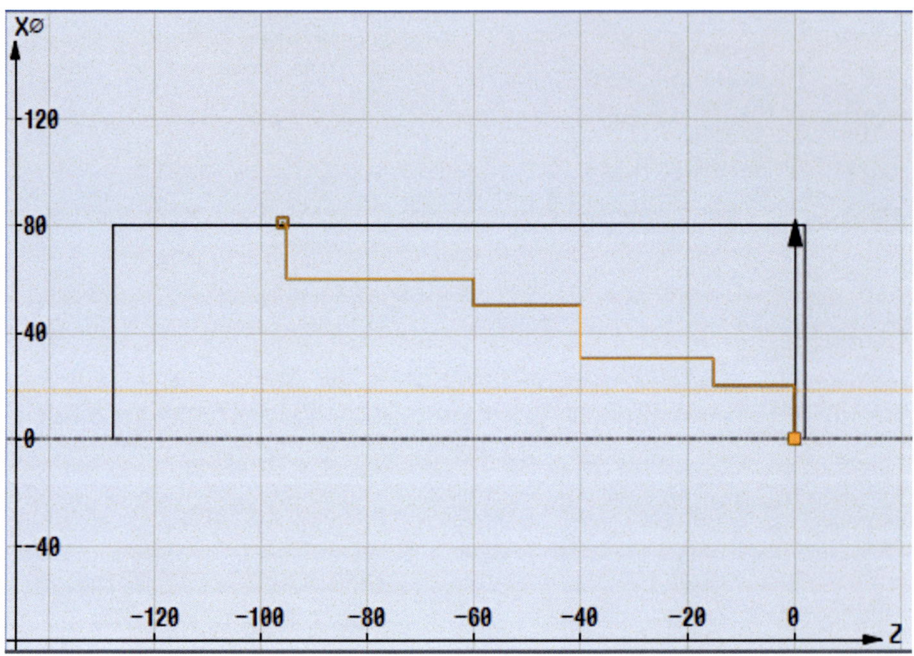

7.4.2 Aufruf des Abspanzyklus zum Schruppen der Kontur

Zunächst wird die Kontur ausgehend von dem zylindrischen Rohteil vorgeschruppt. Für das nachfolgende Schlichten verbleibt ein Schlichtaufmaß, das beim Schlichten der Kontur in einem Schnitt entfernt wird.

Der Abspanzyklus für die freie Kontur wird aus dem Konturdrehen aufgerufen:

Als Werkzeug wird erneut das Schruppwerkzeug aus dem Werkzeugspeicher aufgerufen:

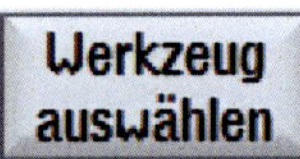

Anwahl des Werkzeugs „SCHRUPP_80A" im Magazin

Als Schnittwerte werden F mit 0,4 mm/Umdrehung und VC mit 300 m/min programmiert.

Hilfebilder für den Zyklus „Abspanen":

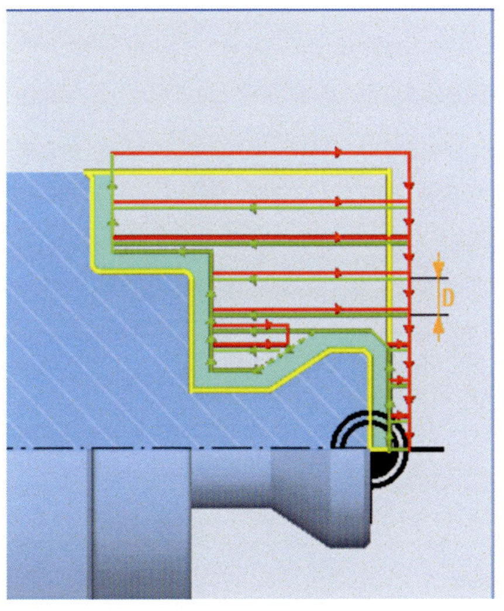

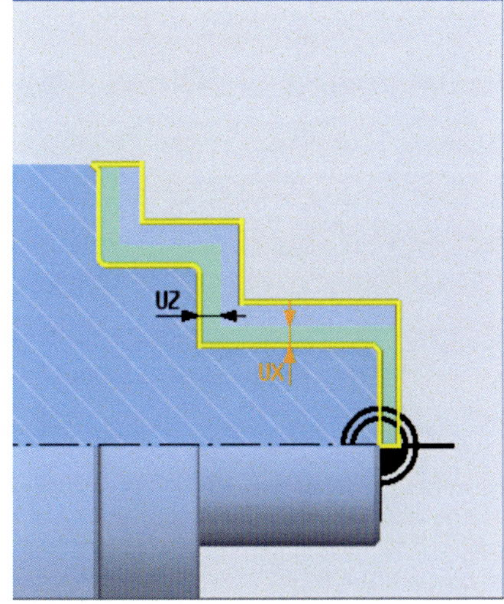

Darstellung der Schnittrichtung und Zustellung und Darstellung der Schlichtaufmaße

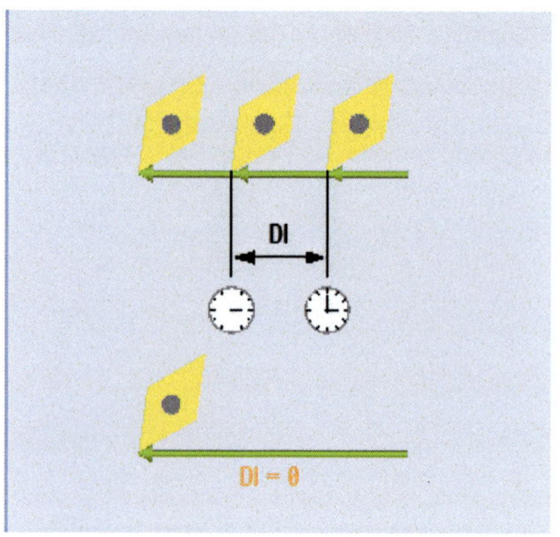

- Abstand für die Vorschubunterbrechung zur Vermeidung von Fließspänen.

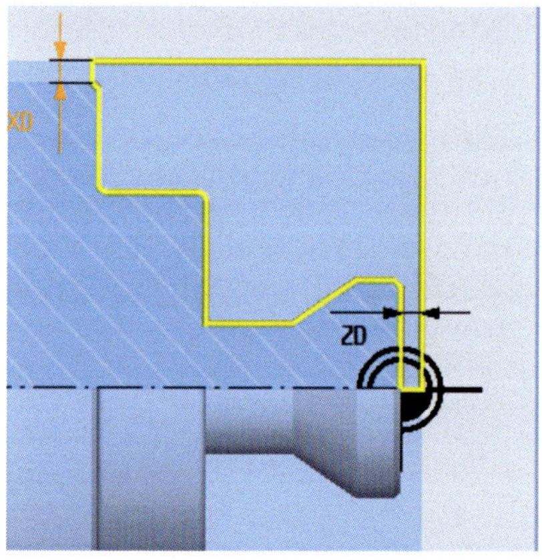

- Zylindermaß: In diesem Beispiel wird das Zylindermaß mit 81 mm definiert, weil der Konturzug bei X = 81 mm endet. Als Z-Maß wird 0,5 mm angegeben, weil nach dem Plandrehen der Planfläche nur noch das Schlichtaufmaß von 0,2 mm vorhanden ist.

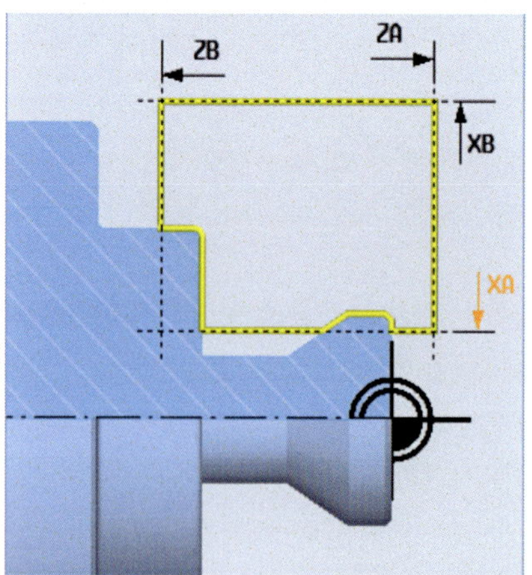

- Eingrenzung: Da auf dem Durchmesser 20 mm nur noch das Schlichtaufmaß von 0,2 mm vorhanden ist, braucht diese Fläche nicht nochmalsgeschruppt zu werden.

  Die untere Bearbeitungsgrenze wird daher auf XA = 18 mm festgelegt.

Erklärung der Zyklenparameter:

Parameter ShopTurn-Programm		
T	Werkzeugname	
D	Schneidennummer	
F	Vorschub (∇ bzw. ∇∇∇)	mm/U
FS	Schlichtvorschub (nur bei Komplettbearbeitung: ∇ + ∇∇∇)	mm/U
S / V	Spindeldrehzahl oder konstante Schnittgeschwindigkeit	m/min

Parameter	Beschreibung		Einheit
Bearbeitung	• ∇ (Schruppen) • ∇∇∇ (Schlichten) • ∇ + ∇∇∇ (Schruppen und Schlichten)		
Bearbeitungs-richtung	• Plan • Längs • Konturparallel	• von innen nach außen ↑ • von außen nach innen ↓ • von Stirn- zur Rückseite ← • von Rück- zur Stirnseite →	

Parameter	Beschreibung	Einheit
	Die Bearbeitungsrichtung ist von der Abspanrichtung bzw. Wahl des Werkzeugs abhängig.	
Lage U	• vorne • hinten • innen • außen	
D	maximale Tiefenzustellung - (nur bei ∇)	mm
DX	maximale Tiefenzustellung - (nur bei konturparallel alternativ zu D)	mm
U	Immer an der Kontur nachziehen. Nie an der Kontur nachziehen. Nachziehen nur bis zum vorherigen Schnittpunkt.	
U	Schnittaufteilung gleichmäßig Schnittaufteilung an Kante nachziehen	
U	konstante Schnitttiefe wechselnde Schnitttiefe - (nur bei Schnittaufteilung an Kante ausrichten)	
DZ	Maximale Tiefenzustellung - (nur bei Lage konturparallel und UX)	mm
UX oder U U	Schlichtaufmaß in X oder Schlichtaufmaß in X und Z - (nur bei ∇)	mm
UZ	Schlichtaufmaß in Z - (nur bei UX)	mm
DI	Bei Null: kontinuierlicher Schnitt - (nur bei ∇)	mm
BL U	Rohteilbeschreibung (nur bei ∇) • Zylinder (Beschreibung über XD, ZD) • Aufmaß (XD und ZD auf Fertigteilkontur) • Kontur (zusätzlicher CYCLE62-Aufruf mit Rohteilkontur - z.B. Gussform)	
XD	- (nur bei Bearbeitung ∇) - (nur bei Rohteilbeschreibung Zylinder und Aufmaß) • Bei Rohteilbeschreibung Zylinder – Variante Absolut: Zylindermaß Ø (abs) – Variante Inkrementell: Aufmaß (ink) zu Maximalwerten der CYCLE62-Fertigteilkontur • Bei Rohteilbeschreibung Aufmaß – Aufmaß auf die CYCLE62-Fertigteilkontur (ink)	mm

Parameter	Beschreibung	Einheit
ZD	- (nur bei Bearbeitung ∇) - (nur bei Rohteilbeschreibung Zylinder und Aufmaß) • Bei Rohteilbeschreibung Zylinder – Variante Absolut: Zylindermaß (abs) – Variante Inkrementell: Aufmaß (ink) zu Maximalwerten der CYCLE62-Fertigteilkontur • Bei Rohteilbeschreibung Aufmaß – Aufmaß auf die CYCLE62-Fertigteilkontur (ink)	mm
Aufmaß	Aufmaß zum Vorschlichten - (nur bei ∇∇∇) • ja U1 Konturaufmaß • nein	
U1	Korrekturaufmaß in X- und Z-Richtung (ink) – (nur bei Aufmaß) • positiver Wert: Korrekturaufmaß bleibt stehen • negativer Wert: Korrekturaufmaß wird zusätzlich zum Schlichtaufmaß entfernt	mm
Eingrenzen	Bearbeitungsbereich eingrenzen • ja • nein	
 XA XB ZA ZB	nur bei Eingrenzen ja: 1. Grenze XA Ø 2. Grenze XB Ø (abs) oder 2. Grenze bezogen auf XA (ink) 1. Grenze ZA 2. Grenze ZB (abs) oder 2. Grenze bezogen auf ZA (ink)	mm
Hinterschnitte	Hinterschnitte bearbeiten • ja • nein	
FR	Eintauchvorschub Hinterschnitte	

* Einheit des Vorschubes wie vor Zyklusaufruf programmiert

Belegung der Eingabemaske:

Abspanen			
T	SCHRUPP_80A		D 1
F	0.400	mm/U	
V	300	m/min	
Bearbeitung		▽	
	längs		
	außen		←
D	2.000		
UX	0.500		
UZ	0.200		
DI	0.000		
BL	Zylinder		
XD	81.000	abs	
ZD	0.500	abs	
Hinterschnitte		nein	
Eingrenzen		ja	
XA	18.000	abs	
XB		abs	
ZA		abs	
ZB		abs	

Der Parameter **„XD“** wird wegen der Fase am Ende der Kontur auf 81 mm eingestellt.

Der Parameter **„ZD“** wird wegen des verbliebenen Schlichtaufmaßes auf der Stirnfläche mit 0,5 mm belegt.

Damit Leerschnitte vermieden werden, wird die Bearbeitung in X-Richtung nach unten hin auf 18 mm eingegrenzt.

Da keine Hinterschnitte vorhanden sind, kann das Auswahlfeld **„Hinterschnitte“** auf **„nein“** eingestellt werden.

7.4.3 Aufruf des Abspanzyklus zum Schlichten der Kontur

Zum Entfernen des verbliebenen Restmaterials wird der Zyklus **„Abspanen“** erneut aufgerufen:

Als Werkzeug wird der Schlichtdrehmeißel aus dem Werkzeugspeicher aufgerufen:

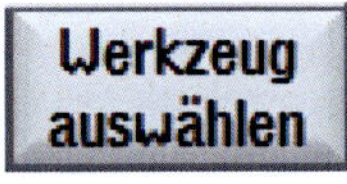

Anwahl des Werkzeugs „SCHLICHT_35A“ im Magazin

Als Schnittwerte werden F mit 0,1 mm/Umdrehung und VC mit 300 m/min programmiert.

Die Parameter der Eingabemaske sind identisch zum Schruppen. Zusätzlich kann mit dem Optionsfeld **„Aufmaß“** ein zusätzliches Aufmaß (Parameter **U1**) bezogen auf die Endkontur definiert werden.

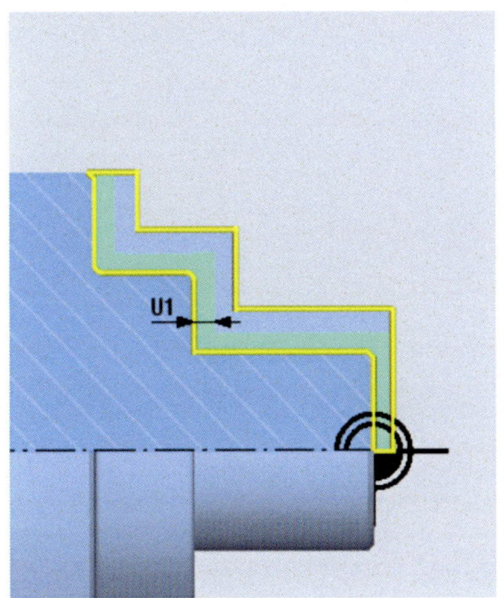

Im Bedarfsfall kann ein Aufmaß definiert werden, welches nach dem Schlichten auf der Kontur verbleibt.

Die Parametermaske ist zum Schlichten der Kontur folgendermaßen belegt:

Abspanen			
T	SCHLICHT_35A	D	1
F	0.100	mm/U	
V	300	m/min	
Bearbeitung		▽▽▽	
	längs		
	außen		←
Aufmaß		nein	
Hinterschnitte		nein	
Eingrenzen		nein	

Der Zyklus enthält beim Aufruf noch die Werte der Schruppbearbeitung. Der Technologieteil (Werkzeug, Vorschub, Schnittgeschwindigkeit) wird für die Schlichtbearbeitung angepasst.
Im Feld **„Bearbeitung“** wird über **„Select“** das Symbol für Schlichten ausgewählt.

Der fertige Arbeitsplan besteht aus sechs Zeilen:

NC/WKS/BEISPIEL_1/BEISPIEL_1			
P	Programmkopf		Nullpunktversch. G54
	Abspanen	▽	T=SCHRUPP_80A F0.3/U V=300m plan X0=82
	Kontur		KONTUR
	Abspanen	▽	T=SCHRUPP_80A F0.4/U V=300m
	Abspanen	▽▽▽	T=SCHLICHT_35A F0.1/U V=300m
END	Programmende		

Im Bedienbereich Edit kann mit dem Softkey Grafische Ansicht im Arbeitsplanfenster eine grafische Vorschau aller Arbeitsschritte angezeigt werden:

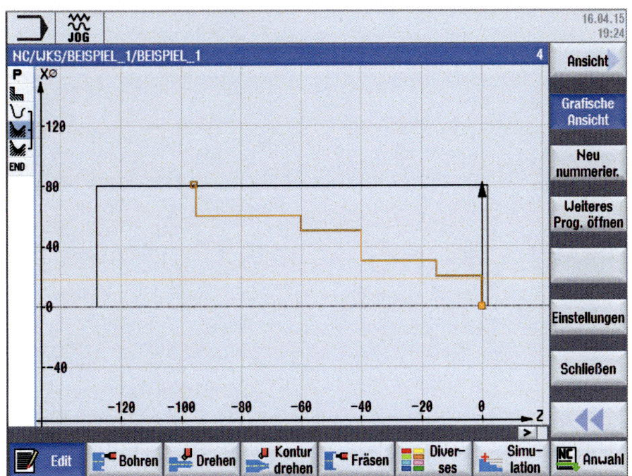

Mit dem Softkey Simulation kann die Simulation gestartet werden. Die 3D-Ansicht sieht nach der Simulation wie folgt aus:

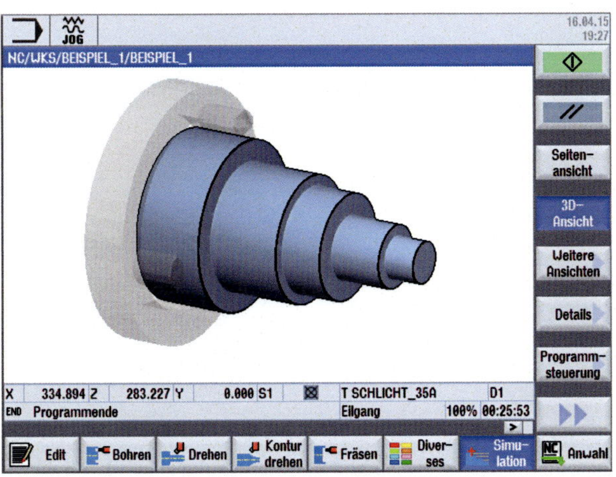

Durch Anwahl eines anderen Bedienbereiches kann die Simulation wieder verlassen werden.

8 Programmierübung 2

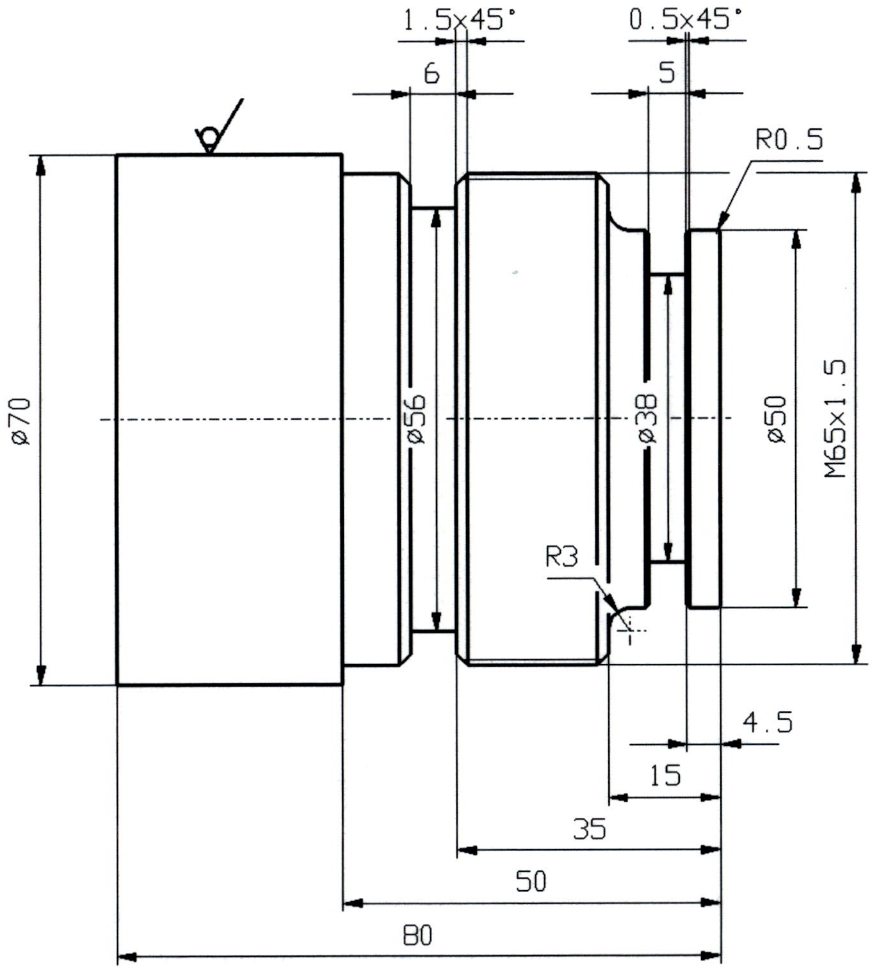

8.1 Arbeitsplan

Arbeitsschritt	Werkzeugname	Plattenwinkel [°]	Schneidenradius [mm]	F [mm/U]	V_C [m/min]
Planfläche überdrehen	SCHRUPP_80A	80	0,8	0,3	300
Kontur vorschruppen	SCHRUPP_80A	80	0,8	0,4	300
Kontur schlichten	SCHLICHT_35A	35	0,4	0,1	300
Einstich Ø 38 mm	STECH_3	Breite: 3 mm	0,1	0,08	100
Einstich Ø 56 mm	STECH_3	Breite: 3 mm	0,1	0,08	100
Gewinde M65 x 1,5 mm	GEWINDE_1_5		0,1		150

Die beiden Einstiche werden nach dem Schruppen/Schlichten der freien Kontur eingebracht und daher beim Beschreiben der Kontur im Konturzugrechner nicht berücksichtigt.
Am Ende der Kontur wird als Übergang zur Rohteilfläche Ø 70 mm eine 45°-Fase angedreht, damit keine scharfe Kante entsteht.

Für die Übung wird analog zur Übung 1 ein Ordner mit dem Namen „BEISPIEL_2" mit einem Hauptprogramm „BEISPIEL_2" erstellt.

Name	Typ	Länge	Datum	Zeit
Teileprogramme	DIR		11.06.13	17:44:52
Unterprogramme	DIR		11.06.13	17:44:52
Werkstücke	DIR		18.04.15	20:27:36
BEISPIEL_1	WPD		13.04.15	19:37:45
BEISPIEL_2	WPD		18.04.15	20:27:17
BEISPIEL_2	MPF	174	18.04.15	20:27:22

8.2 Eingaben im Programmkopf

Da der Programmkopf bei der Übung 1 bereits beschrieben ist, werden hier nur die Eingabewerte für die Übung 2 abgebildet:

Programmkopf		
Nullpunktv.	G54	
beschreiben	nein	
Rohteil	Zylinder	
XA	70.000	
ZA	2.000	
ZI	-80.000	abs
ZB	-60.000	abs
Rückzug	einfach	
XRA	74.000	abs
ZRA	3.000	abs
Wkzwechselpunkt	MKS	
XT	250.000	
ZT	530.000	
S1	3000.000	U/min
SC	1.000	
Bearbeit.drehsinn	Gleichlauf	

8.3 Arbeitsschritt 1: Plandrehen

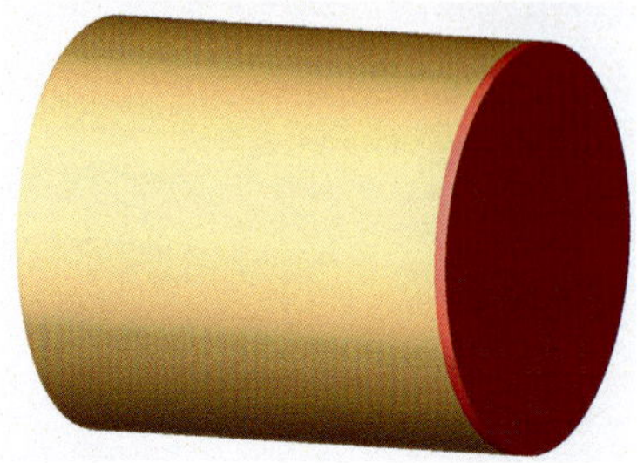

Entsprechend der Zeichnung wird die Maske wie folgt bestückt:

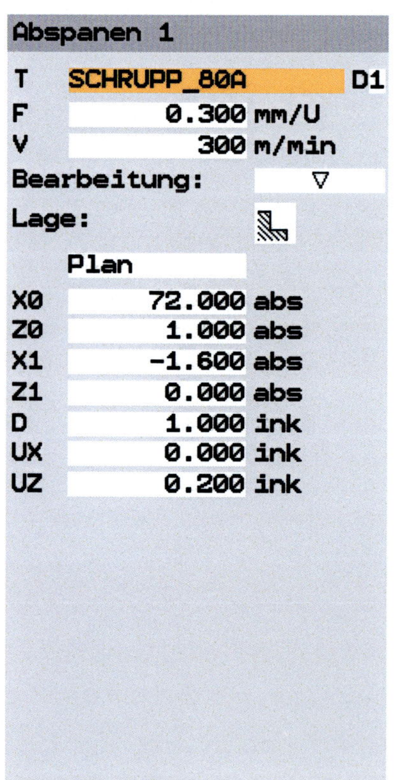

Das Abspanen erfolgt im Modus „Plan", weil dann nur ein Schnitt erforderlich ist. Zum späteren Schlichten der Planfläche wird das Aufmaß **„UZ"** mit 0,2 mm definiert.

Alternativ kann auch der Parameter **„Z1"** mit 0,2 mm und der Parameter **„UZ"** mit 0 mm belegt werden.

8.4 Arbeitsschritt 2: Abspanen der Kontur

Die Programmierung erfolgt wieder in drei Arbeitsschritten:

1. Beschreibung der Kontur
2. Schruppen der Kontur
3. Schlichten der Kontur

8.4.1 Beschreibung der Kontur

Da die Einstiche beim Programmieren der Kontur vernachlässigt werden, wird im Konturzugrechner folgende Kontur programmiert:

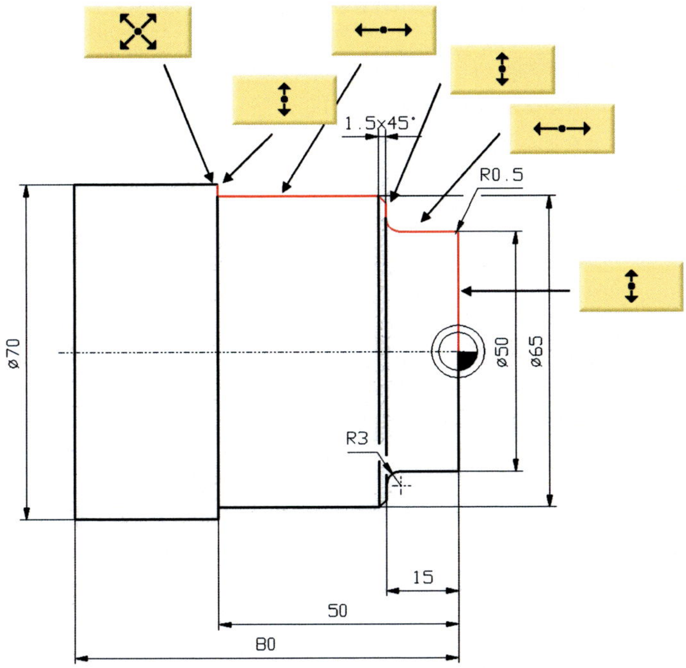

Der Konturzugrechner wird aufgerufen über:

Im aufgeblendeten Eingabefeld wird der Name der Kontur eingegeben:

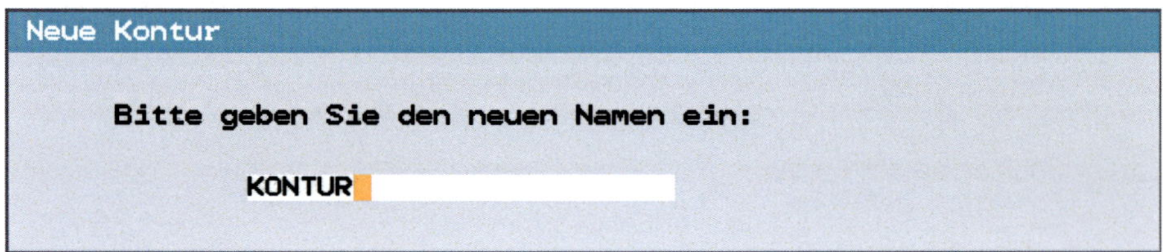

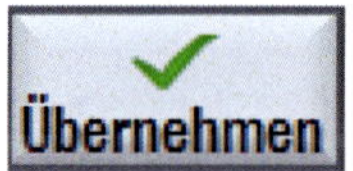

Nachfolgend werden die verwendeten Elemente einzeln aufgelistet:

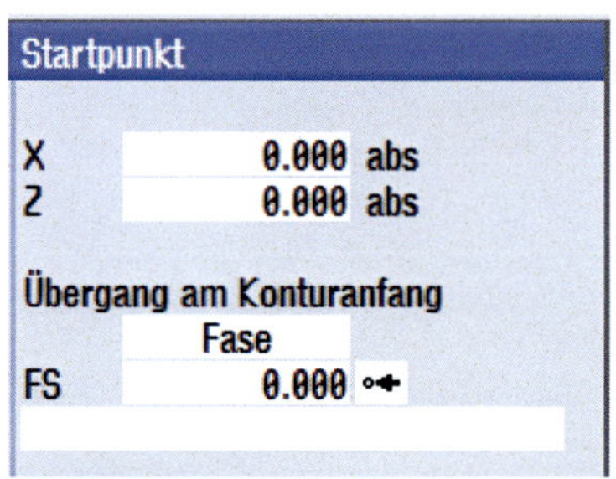

Startpunkt in X: 0 mm
Startpunkt in Z: 0 mm
Übergangsfase: 0 mm

Gerade X

X	50.000	abs
α1	90.000	°

Übergang zum Folgeelement

	Radius	
R	0.500	

Endpunkt in X: 50 mm
Übergangsradius: 0,5 mm

Zwischen Fase und Radius kann mit

umgeschaltet werden.

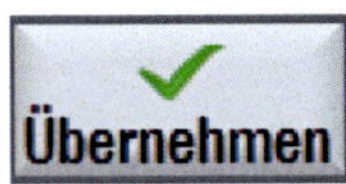

Gerade Z

Z	-15.000	abs
α1	180.000	°
α2	90.000	°

Übergang zum Folgeelement

	Radius	
R	3.000	

Endpunkt in Z: -10 mm
Übergangsradius: 3,0 mm

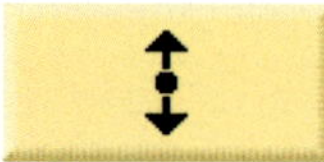

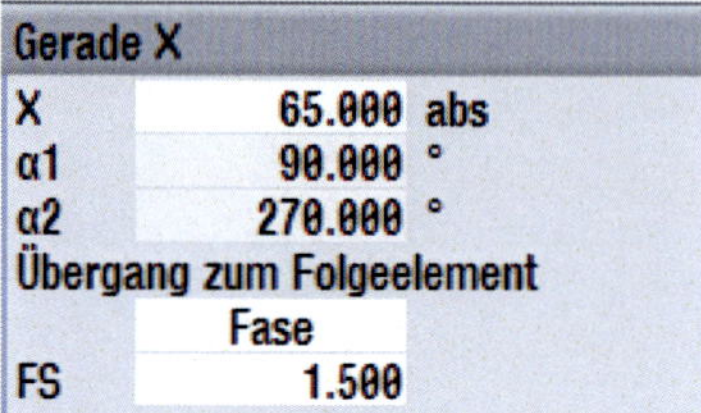

Endpunkt in X: 65 mm
Übergangsfase: 1,5 mm

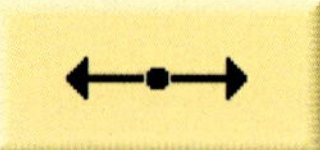

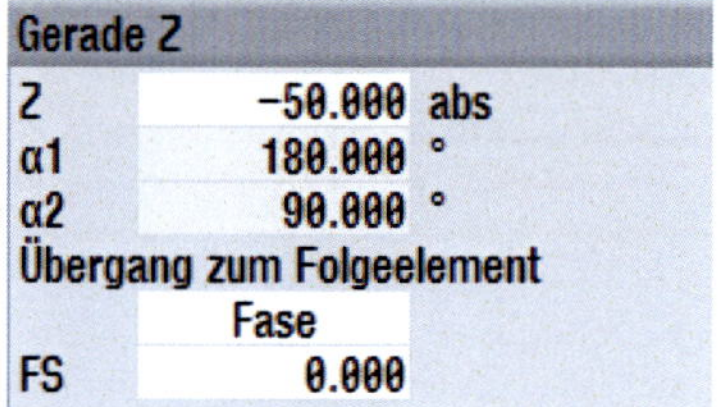

Endpunkt in Z: -50 mm
Übergangsfase: 0 mm

Gerade X

X	69.500	abs
α1	90.000	°
α2	270.000	°
Übergang zum Folgeelement		
	Fase	
FS	0.000	

Endpunkt in X: 69,5 mm
Übergangsfase: 0 mm

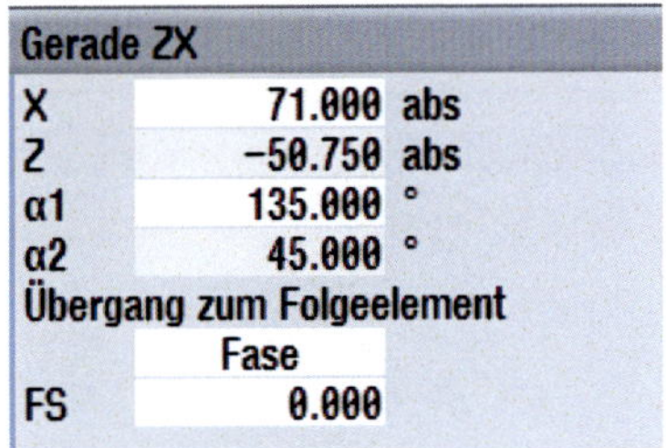

Endpunkt in X: 71 mm
Startwinkel zur X-Achse $\alpha 1$: 135°
Übergangsfase: 0 mm

Übernahme der Kontur mit

in den Arbeitsplan übernommen.

8.4.2 Aufruf des Abspanzyklus zum Schruppen der Kontur

Der Abspanzyklus für die freie Kontur wird aus dem Bereich Konturdrehen aufgerufen (vgl. Übung 1):

Da die Handhabung aus der ersten Programmierübung bekannt ist, werden hier nur die Parameter abgebildet:

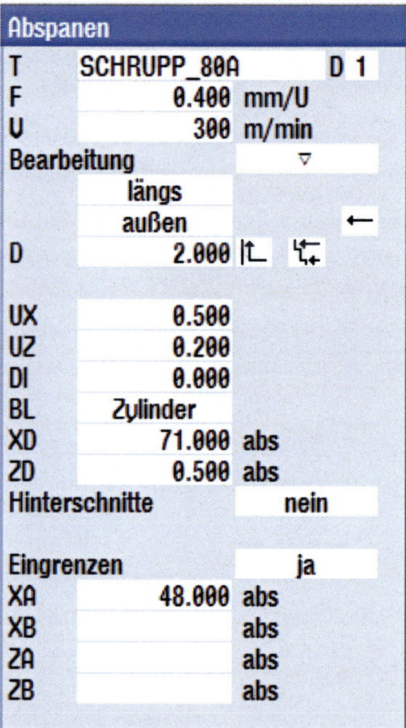

8.4.3 Aufruf des Abspanzyklus zum Schlichten der Kontur

Der Zyklus

wird ein zweites Mal mit einem Schlichtdrehwerkzeug aufgerufen und auf die Bearbeitungsart **„Schlichten“** umgestellt:

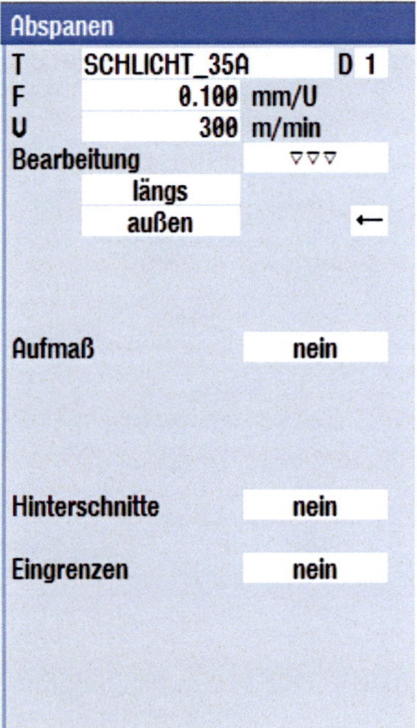

8.5 Arbeitsschritt 3: Einstich Ø 38 mm drehen

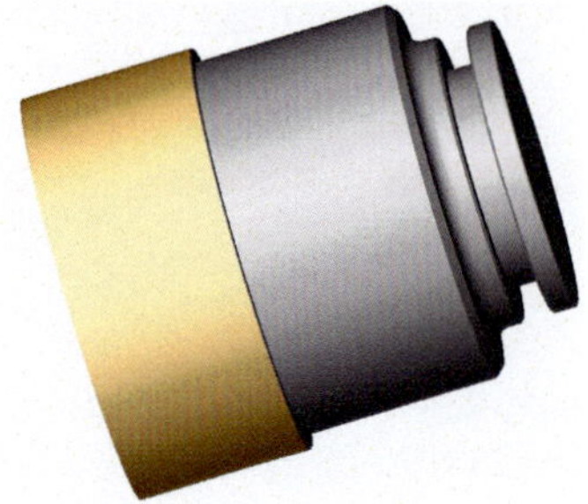

Für diese Bearbeitung gibt es einen vorgefertigten Zyklus, der mit den entsprechenden Parametern belegt werden kann.

Der Aufruf erfolgt über

Für den Werkzeugaufruf wird der Cursor auf das Parameterfeld „T" positioniert und das Werkzeug wird aus dem Magazin ausgewählt:

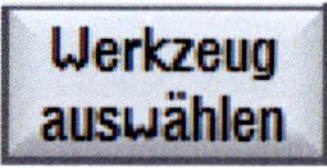

Anwahl des Werkzeugs „STECH_3" im Magazin.

Als Schnittwerte werden F mit 0,08 mm/Umdrehung und VC mit 100 m/min programmiert.

Hilfebilder zum Einstich:

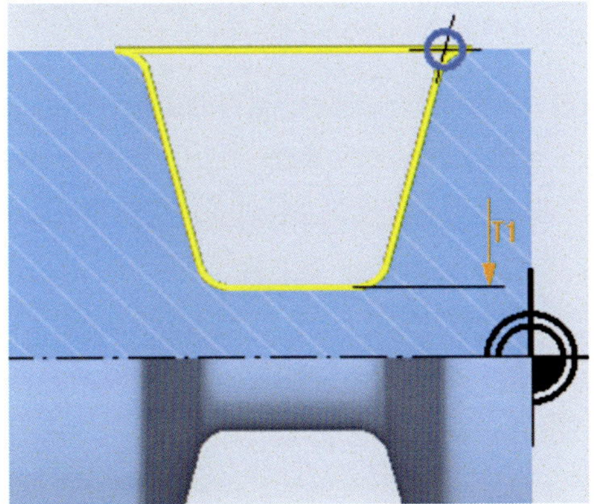

Der blaue Bezugspunkt bezieht sich auf die Parameter **„X0“** und **„Z0“**.

Statt der inkrementalen Einstichtiefe **„T1“** kann auch der absolute Durchmesser im Einstichgrund programmiert werden.

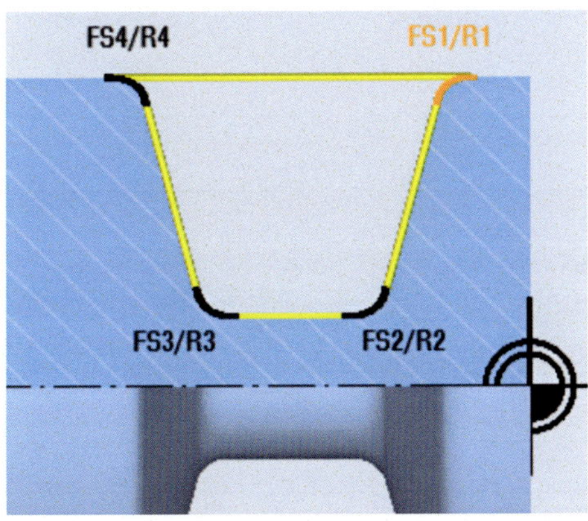

Für alle vier Übergänge lassen sich Radien bzw. Fasen definieren.
Zwischen der Auswahl **„Radius“** und **„Fase“** kann mit **„Select“** umgeschaltet werden.

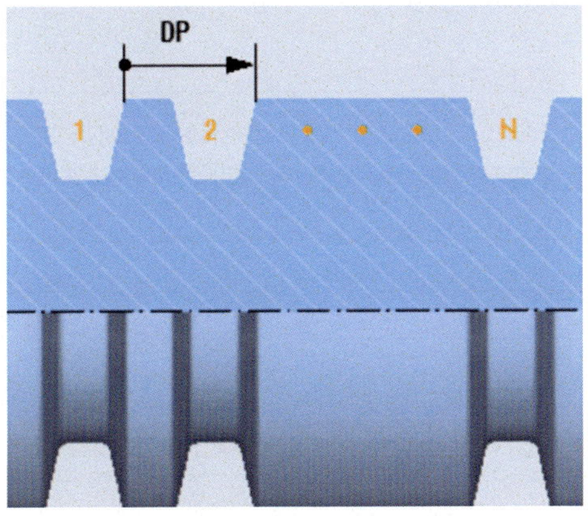

Für Werkstücke mit mehreren identischen Einstichen kann die Anzahl der Einstiche und der Abstand der Einstiche angegeben werden.

Erklärung der Zyklenparameter:

Parameter	Beschreibung
Bearbeitung	▽ Schruppen ▽▽▽ Schlichten ▽▽▽ + ▽ Schruppen und Schlichten
Lage	Längs außen Plan stirnseitig Längs innen Plan rückseitig
Bezugspunkt	Links oben Rechts oben Links unten Rechts unten
X0	Bezugspunkt in der X-Achse
Z0	Bezugspunkt in der Z-Achse
B1/B2	Einstichbreite oben oder unten
T1	Einstichtiefe am Bezugspunkt absolut oder inkremental
α1	Flankenwinkel 1
α2	Flankenwinkel 2
FS1 / R1 **FS2 / R2** **FS3 / R3** **FS4 / R4**	Fase oder Radius 1 Fase oder Radius 2 Fase oder Radius 3 Fase oder Radius 4
D	Maximale Zustellung
U	Konturparalleles Aufmaß
N	Anzahl der Einstiche
P	Abstand der Einstiche

Verwendete Parameter in der Eingabemaske:

Einstich 2

T	Stech_3	D 1
F	0.080	mm/U
U	100	m/min
Bearbeitung		▽+▽▽▽
Lage		
X0	50.000	
Z0	-4.500	
B1	5.000	
T1	6.000	ink
α1	0.000	°
α2	0.000	°
FS1	0.500	
R2	0.000	
R3	0.000	
FS4	0.500	
D	3.000	
UX	0.100	
UZ	0.100	
N	1	

Der Einstich wird mit einem Werkzeug geschruppt und anschließend sofort geschlichtet. Beim Schlichten soll ein Span von 0,1 mm abgetragen werden (Parameter **„U“**).

Die Übergänge am oberen Einstichrand werden mit 0,5 mm Fasen versehen (Parameter **„FS1“** und **„FS4“**).

8.6 Arbeitsschritt 4: Einstich Ø 56 mm drehen

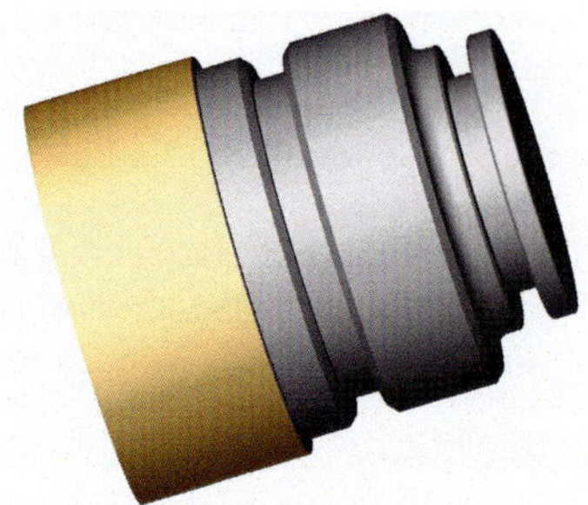

Die Programmierung des Einstichs auf Ø 56 erfolgt wie im vorhergehenden Arbeitsschritt, weshalb hier nur die Parameter abgebildet werden:

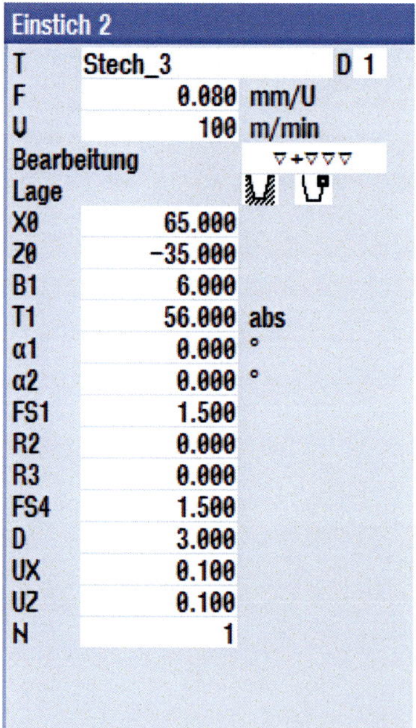

Einstich 2

T	Stech_3	D 1
F	0.080	mm/U
U	100	m/min
Bearbeitung		▽+▽▽▽
Lage		
X0	65.000	
Z0	-35.000	
B1	6.000	
T1	56.000	abs
α1	0.000	°
α2	0.000	°
FS1	1.500	
R2	0.000	
R3	0.000	
FS4	1.500	
D	3.000	
UX	0.100	
UZ	0.100	
N	1	

8.7 Arbeitsschritt 5: Gewinde M65 x 1,5 mm drehen

Bei dem Gewinde wird aus der Funktionsgruppe

der Zyklus

verwendet.

Das Werkzeug wird mit

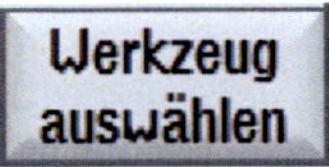

Anwahl des Werkzeugs „GEWINDE_1_5“ im Magazin

in die Parametermaske übernommen.
Die technologischen Werte werden mit P = 1,5 mm/U und VC mit 150 m/min programmiert.
Da der Gewindedrehmeißel mit der Schneidplatte nach oben schaut, muss der Startpunkt des Gewindes links und der Endpunkt des Gewindes rechts am Werkstück definiert werden, damit ein Rechtsgewinde entsteht.

Hilfebilder für den Zyklus „Gewinde“.

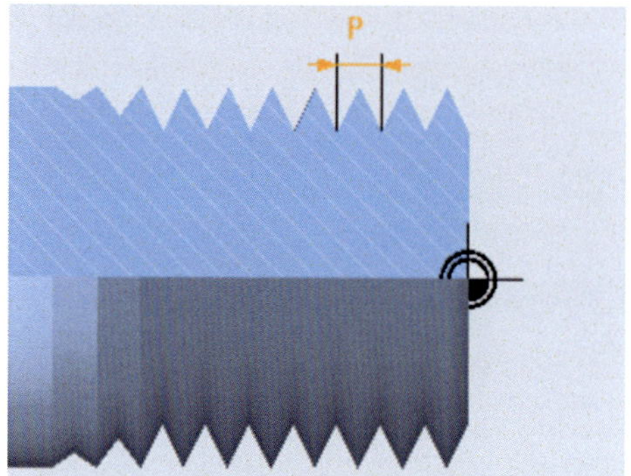

P = Steigung des Gewindes.

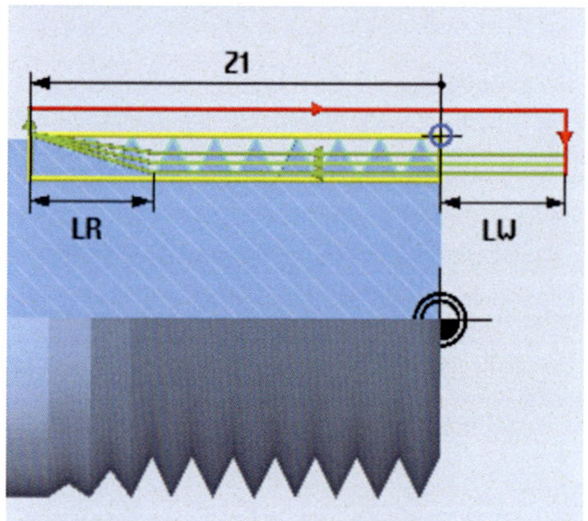

Der blaue Punkt im Hilfebild ist der Bezug für die Parameter **„X0“** und **„Z0“**. Je nach Schnittrichtung (von Z+ nach Z- oder von Z- nach Z+) wird ein Links- oder ein Rechtsgewinde geschnitten. Der Gewindevorlauf **„LW“** und der Gewindeauslauf **„LR“** sind an die Drehzahl der Spindel und an die geometrischen Gegebenheiten des Werkstücks anzupassen.

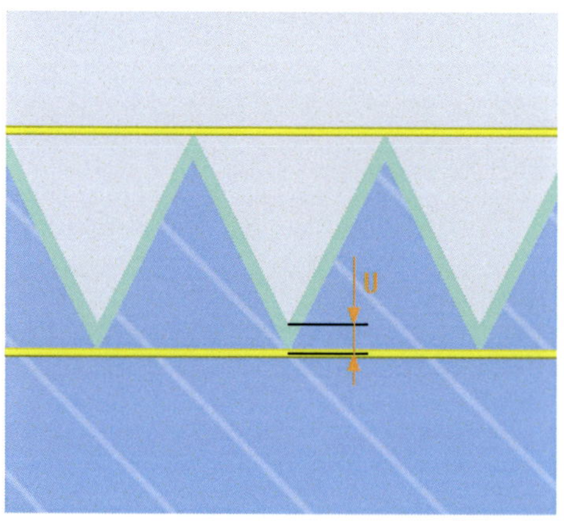

Wahlweise kann ein Schlichtaufmaß **„U“** definiert werden.

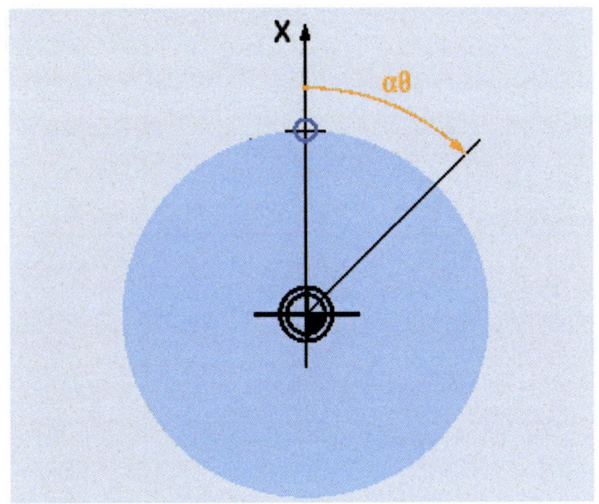

Falls ein bestimmter Bezug zu einer Fräsbearbeitung auf der Stirn- oder Mantelfläche hergestellt werden soll, kann mit dem Parameter **„α0"** ein Startwinkel definiert werden.

Erklärung der Zyklenparameter:

Parameter ShopTurn-Programm (Gewinde Längs)		
T	Werkzeugname	
D	Schneidennummer	
S / V	Spindeldrehzahl oder konstante Schnittgeschwindigkeit	U/min m/min

Parameter	**Beschreibung**	**Einheit**
Bearbeitung	• ∇ (Schruppen) • ∇∇∇ (Schlichten) • ∇ + ∇∇∇ (Schruppen und Schlichten)	
Zustellung (nur bei ∇ und ∇ + ∇∇∇)	• Linear: Zustellung mit konstanter Schnitttiefe • Degressiv: Zustellung mit konstantem Spanquerschnitt	
Gewinde	• Innengewinde • Außengewinde	
X0	Bezugspunkt X aus Gewindetabelle ∅ (abs)	mm
Z0	Bezugspunkt Z (abs)	mm
Z1	Endpunkt des Gewindes (abs) oder Gewindelänge (ink) Inkrementalmaß: Das Vorzeichen wird mit ausgewertet.	mm
LW oder LW2 oder LW2 = LR	Gewindevorlauf (ink) Gewinde-Startpunkt ist der um den Gewindevorlauf W vorverlegte Bezugspunkt (X0, Z0). Den Gewindevorlauf können Sie nutzen, wenn Sie die einzelnen Schnitte etwas früher beginnen möchten, um auch den Gewindeanfang exakt zu fertigen. Gewindeeinlauf (ink) Den Gewindeeinlauf können Sie nutzen, wenn Sie nicht seitlich an das zu fertigende Gewinde heranfahren können, sondern ins Material eintauchen müssen (Beispiel Schmiernut auf einer Welle). Gewindeeinlauf = Gewindeauslauf (ink)	mm mm mm

LR	Gewindeauslauf (ink) Den Gewindeauslauf können Sie nutzen, wenn Sie am Gewindeende schräg herausfahren wollen (Beispiel Schmiernut auf einer Welle).	mm
H1	Gewindetiefe aus Gewindetabelle (ink)	mm
DP oder αP	Zustallschräge als Flanke (ink) – (alternativ zu Zustellschräge als Winkel) DP > 0: Zustellung entlang der hinteren Flanke DP < 0: Zustellung entlang der vorderen Flanke	mm
	Zustellschräge als Winkel – (alternativ zu Zustellschräge als Flanke) α > 0: Zustellung entlang der hinteren Flanke α < 0: Zustellung entlang der vorderen Flanke α = 0: rechtwinklig zur Schnittrichtung zustellen Soll entlang der Flanken zugestellt werden, darf der Absolutwert dieses Parameters maximal den halben Flankenwinkel des Werkzeuges betragen.	Grad
	Zustellung entlang der Flanke Zustellung mit wechselnder Flanke (alternativ) Anstatt entlang einer Flanke können Sie auch mit wechselnder Flanke zustellen, um nicht immer dieselbe Werkzeugschneide zu belasten. Dadurch können Sie die Standzeit des Werkzeugs erhöhen. α > 0: Start an der hinteren Flanke α < 0: Start an der vorderen Flanke	

Parameter	Beschreibung		Einheit
D1 oder ND (nur bei ▽ und ▽ + ▽▽▽)	Erste Zustelltiefe oder Anzahl der Schruppschnitte Beim Umschalten zwischen der Anzahl der Schruppschnitte und der ersten Zustellung wird jeweils der zugehörige Wert angezeigt.		mm
U	Schlichtaufmaß in X und Z – (nur bei ▽ und ▽ + ▽▽▽)		mm
NN	Anzahl Leerschnitte - (nur bei ▽▽▽ und ▽ + ▽▽▽)		
VR	Rücklaufabstand (ink)		mm
Mehrgängig	**Nein**		
	α0	Startwinkelversatz	Grad
	Ja		
	N	Anzahl Gewindegänge Die Gewindegänge werden gleichmäßig auf den Umfang des Drehteils verteilt, wobei der 1. Gewindegang immer bei 0° platziert wird.	
	DA	Gangwechseltiefe (ink) Erst alle Gewindegänge nacheinander bis zur Gangwechseltiefe DA bearbeiten, dann alle Gewindegänge nacheinander bis zur Tiefe 2 · DA bearbeiten usw. bis die Endtiefe erreicht ist. DA = 0: Gangwechseltiefe wird nicht berücksichtigt, d.h. jeden Gang fertig bearbeiten, bevor nächster Gang bearbeitet wird.	mm
	Bearbeitung:	• Komplett oder • ab Gang N1 N1 (1...4) Startgang N1 = 1...N oder • nur Gang NX NX (1...4) 1 aus N Gängen	

Belegung der Eingabemaske:

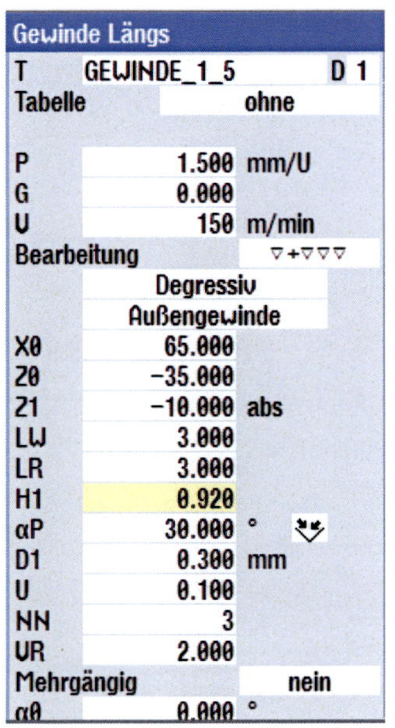

Die Zustellung wird im Modus **„DEGRESSIV"** parametriert, weil dadurch die Schnittkraft auf das Werkzeug konstant gehalten wird.

Das Gewinde wird von Z- nach Z+ geschnitten (Parameter **„Z0"** ist kleiner als **„Z1"**) , damit ein Rechtsgewinde entsteht (die Spindeldrehrichtung ist links).

Die Zustellung erfolgt mit wechselndem Flankenkontakt, damit die Standzeit des Werkzeugs verbessert wird.

Der vollständig fertige Arbeitsplan besteht aus neun Zeilen:

NC/WKS/BEISPIEL_2/BEISPIEL_2

P	Programmkopf		Nullpunktversch. G54
	Abspanen	▽	T=SCHRUPP_80A F0.3/U V=300m plan X0=72
	Kontur		KONTUR
	Abspanen	▽	T=SCHRUPP_80A F0.4/U V=300m
	Abspanen	▽▽▽	T=SCHLICHT_35A F0.1/U V=300m
	Einstich	▽+▽▽▽	T=Stech_3 F0.8/U V=100m X0=50 Z0=-4.5
	Einstich	▽+▽▽▽	T=Stech_3 F0.08/U V=100m X0=65 Z0=-35
	Gewinde Längs	▽+▽▽▽	T=GEWINDE_1_5 P1.5mm/U V=150m außen
END	Programmende		

Das fertige Programm kann in der Simulation überprüft werden:

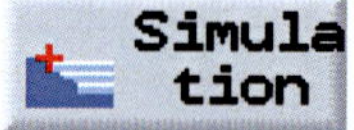

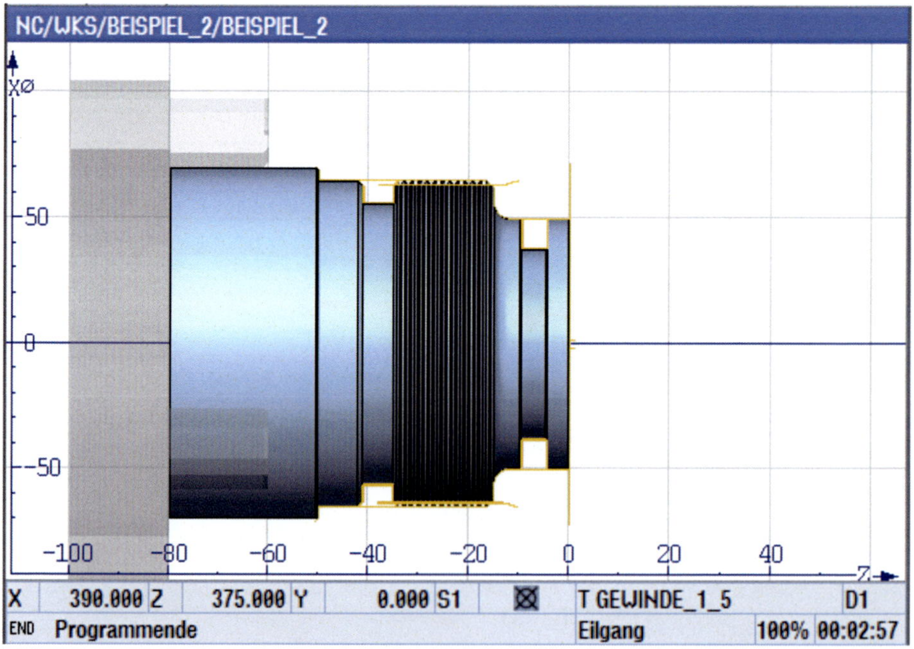

NC/WKS/BEISPIEL_2/BEISPIEL_2

X 390.000 Z 375.000 Y 0.000 S1 T GEWINDE_1_5 D1

END Programmende Eilgang 100% 00:02:57

9 Programmierübung 3

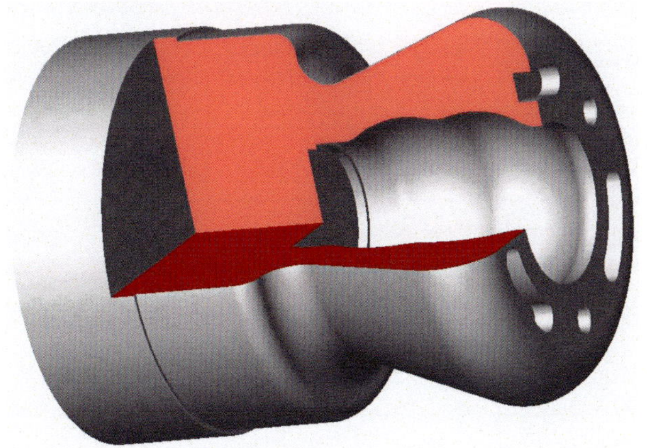

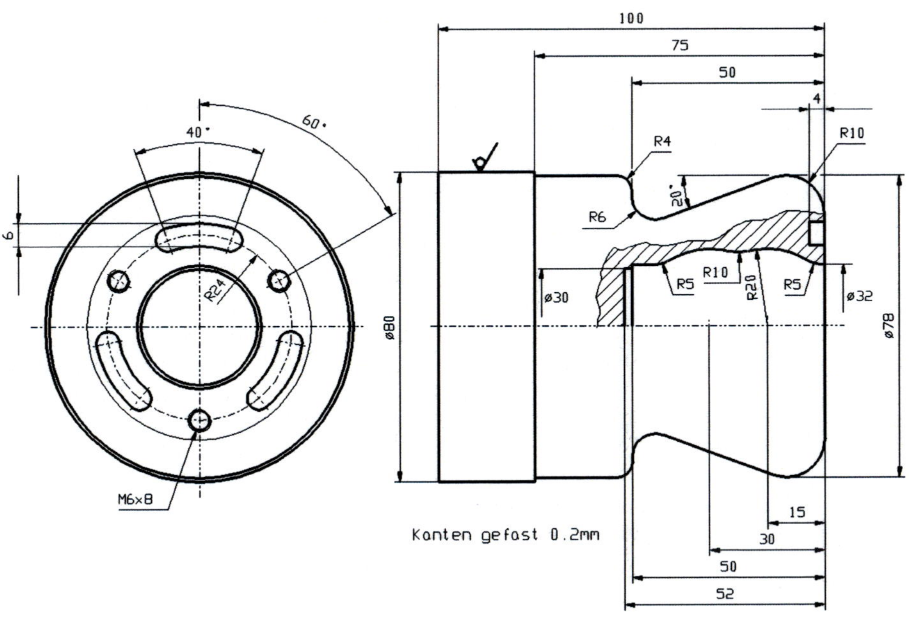

9.1 Arbeitsplan

Arbeitsschritt	Werkzeugname	Werkzeugwinkel [°]	Werkzeug-Radius / Durchmesser [mm]	F [mm/U]	VC [m/min]
Planfläche überdrehen	SCHRUPP_80A	80	R = 0,8	0,3	300
Bohren Ø 30 mm mittig	VOLLBOHRER_D30	180	Ø = 30	0,1	200
Außenkontur vorschruppen	SCHRUPP_80A	80	R = 0,8	0,3	300
Restmaterial der Außenkontur	SCHLICHT_35A	35	R = 0,4	0,2	300
Außenkontur schlichten	SCHLICHT_35A	35	R = 0,4	0,1	300
Innenkontur vorschruppen	SCHLICHT_35I	35	R = 0,4	0,2	300
Innenkontur schlichten	SCHLICHT_35I	35	R = 0,4	0,1	300
Kreisnuten fräsen	FRAESER_D4		Ø = 4	0,04	80
Gewinde M6 zentrieren	ZENTRIERER_D10	90	Ø = 10	0,1	250
Gewinde M6 vorbohren	BOHRER_D5	118	Ø = 5	0,08	120
Gewinde M6 bohren	GEWINDE_M6		Ø = 6	1,0	20

Nach der Fertigstellung der 30 mm-Bohrung wird zunächst die Außenkontur fertig bearbeitet, damit die Planfläche auf Nennmaß gefertigt ist. Im nächsten Arbeitsgang wird die Innenkontur hergestellt. Der Übergang von der Planfläche zur Innenkontur wird laut Zeichnung mit einer Fase 0,2 x 45° angefast. Die Planfläche, die durch den 30 mm-Bohrer entstanden ist, wird nicht mehr überdreht, sondern in diesem Zustand belassen.

Im Programmmanager wird für diese Übung ein Ordner mit dem Namen „BEISPIEL_3" mit einem Hauptprogramm „BEISPIEL_3" angelegt.

9.2 Eingaben im Programmkopf

Programmkopf		
Nullpunktv.	G54	
beschreiben	nein	
Rohteil	Zylinder	
XA	80.000	
ZA	2.000	
ZI	-100.000	abs
ZB	-80.000	abs
Rückzug	erweitert	
XRA	84.000	abs
XRI	25.000	abs
ZRA	3.000	abs
Wkzwechselpunkt	MKS	
XT	260.000	
ZT	570.000	
S1	3000.000	U/min
SC	1.000	
Bearbeit.drehsinn	Gleichlauf	

9.3 Arbeitsschritt 1: Plandrehen

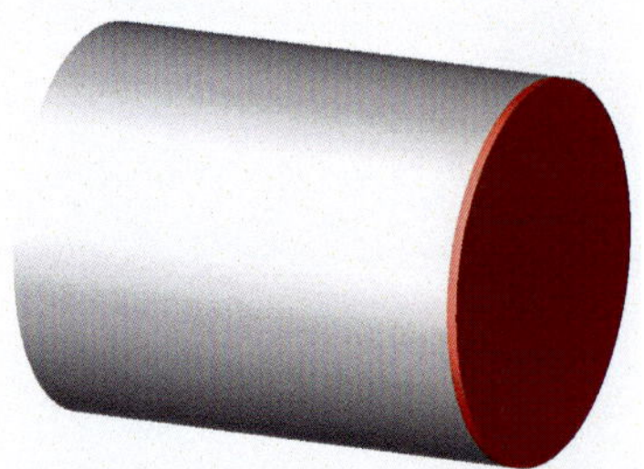

Entsprechend der Zeichnung werden folgende Parameter verwendet:

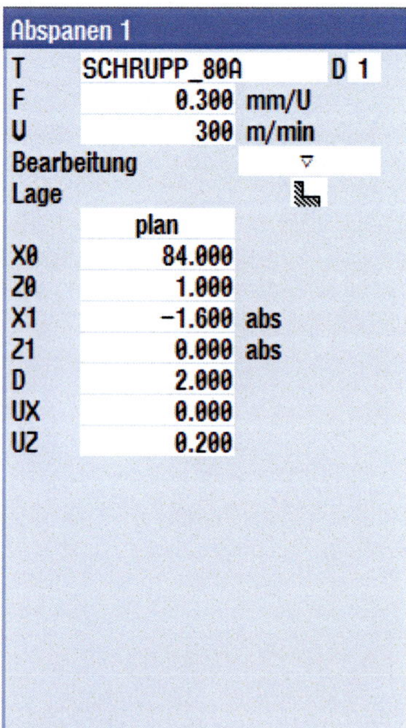

9.4 Arbeitsschritt 2: Bohren mittig Ø 30 mm

Für die Bohrbearbeitung wird aus der Gruppe

und der Untergruppe

der Zyklus

verwendet.

Hilfebilder für den Bohrzyklus:

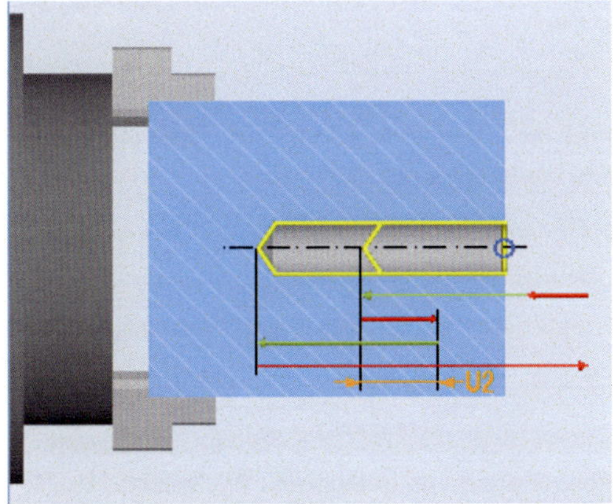

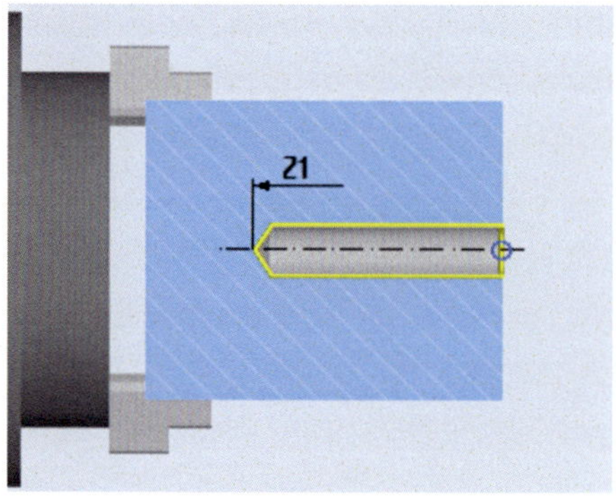

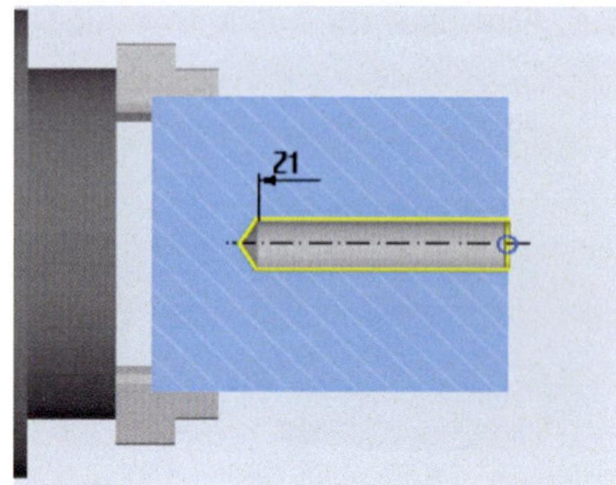

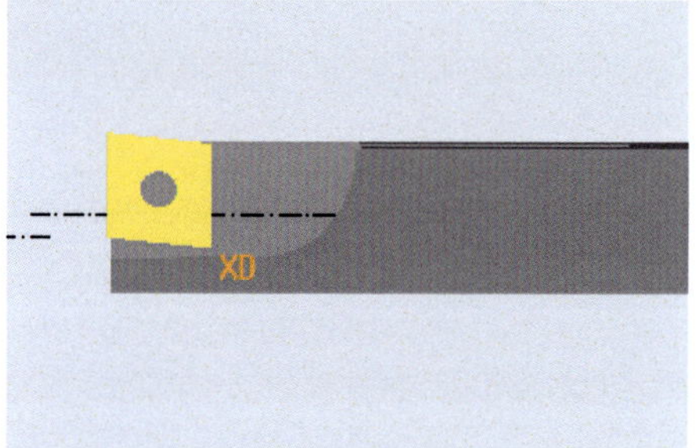

Erklärung der Zyklenparameter:

Parameter	Beschreibung
Spänebrechen **Entspanen**	Der Span wird durch eine Rückzugbewegung gebrochen Der Bohrer fährt vollständig aus der Bohrung, um die Spankammern zu leeren
Schaft **Spitze**	Programmierung der Eintauchtiefe des zylindrischen Teils des Bohrers unter Berücksichtigung des Werkzeugspitzenwinkels Programmierung der Eintauchtiefe der Werkzeugspitze
Z0	Bezugspunkt in der Z-Achse abs
Z1	Eintauchtiefe bezogen auf die Oberfläche Z0 absolut oder inkremental
D	Maximale Zustellung des Werkzeugs pro Schnitt
FD1	Prozentsatz für den Vorschub bei der ersten Zustellung
DF	Prozentsatz für jede weitere Zustellung (jede weitere Zustellung verringert sich)
V2	Rückzugsbetrag zum Spänebrechen (nur im Modus **„Spänebrechen"**)
V3	Vorhalteabstand beim Einfahren (nur im Modus **„Entspanen"**)
DT	Verweilzeit auf Bohrtiefe in Sekunden oder Umdrehungen Umschaltbar mit „[SELECT]"
XD	Mittenversatz bei der Verwendung von geeigneten Werkzeugen

Verwendete Parameter in der Eingabemaske:

Bohren Mittig			
T	Vollbohrer_D30		D 1
F	0.100	mm/U	
V	200	m/min	
	Spänebrechen		
Z0	0.200		
	Spitze		
Z1	-52.000	abs	
D	53.000		
FD1	100.000	%	
DF	100.000	%	
V2	4.000		
DT	0.000	s	
ZD	0.000		

Als Bezugspunkt in Z-Richtung wird 0,2 mm eingetragen, da die Fläche noch nicht geschlichtet ist. Beim Positionieren wird der Sicherheitsabstand **„SC“** aus dem Programmkopf von der Steuerung automatisch beachtet.

Da nur eine Zustellung erfolgen soll, wird die maximale Zustellung **„D“** auf 53 mm programmiert.
Der Rückzugsbetrag **„V2“** ist somit ohne Bedeutung und kann auch mit dem Wert „0“ vorbelegt werden.

9.5 Arbeitsschritt 3: Bearbeitung der Außenkontur

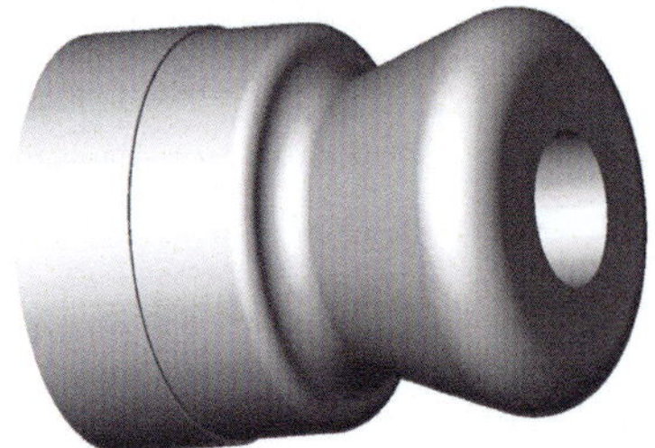

Die Programmierung erfolgt in vier Arbeitsschritten:

1. Beschreibung der Kontur
2. Schruppen der Kontur
3. Restmaterial entfernen
4. Schlichten der Kontur

9.5.1 Beschreibung der Außenkontur

Der Anfangspunkt der Außenkontur kann auf Durchmesser 28 mm gelegt werden, da in der Mitte schon die Bohrung vorhanden ist (Bohrung Ø 30 mm minus 1 mm Sicherheitsabstand im Radius ergibt Ø 28 mm). Beim Übergang des Radius R10 in die Gerade unter 20° ist ein tangentialer Konturübergang.

Für die Programmierung im Konturzugrechner wird die Kontur in einzelne Elemente zerlegt:

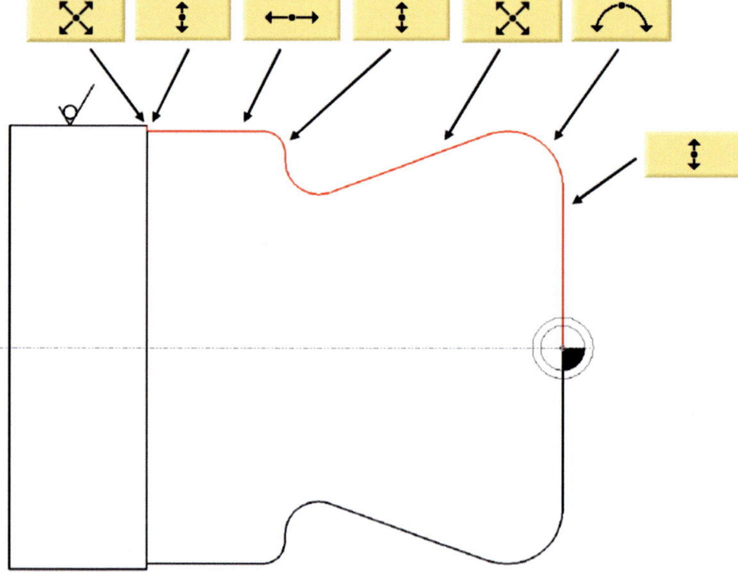

Der Konturzugrechner wird aus dem Bereich **„Konturdrehen“** über den Auswahlsoftkey **„Neue Kontur“** gestartet.
Im Eingabedialog des Konturzugrechners wird für den Namen der Kontur **„AUSSEN-KONTUR“** eingegeben:

Eingabe der Konturelemente:

Startpunkt

X	28.000	abs
Z	0.000	abs

Übergang am Konturanfang

	Fase	
FS	0.000	

Gerade X

X	58.000	abs
α1	90.000	°

Übergang zum Folgeelement

	Fase
FS	0.000

Endpunkt in X: 58 mm
Der Endpunkt ergibt sich aus dem Ø 78 mm minus 2 x Radius 10 mm.
Da kein Schnittpunkt des Kreisbogens mit der Geraden unter 20° gegeben ist, kann die Funktion **„Übergang zum Folgeelement“** nicht verwendet werden.
Der Parameter „Übergang zum Folgeelement“ wird mit „0“ belegt.

Kreis		
Drehrichtung	↺	
R	10.000	
X	76.794	abs
Z	-13.420	abs
I	58.000	abs
K	-10.000	abs
α1	90.000	°
α2	tangential	
β1	200.000	°
β2	110.000	°
Übergang zum Folgeelement		
	Fase	
FS	0.000	

Softkey **„Tangente an Vorgänger“** betätigen.
Drehrichtung: links
Endpunkt in X: unbekannt
Endpunkt in Z: unbekannt
Kreismittelpunkt I: unbekannt
Kreismittelpunkt K: unbekannt
Radius: 10 mm
Alle anderen Werte sind unbekannt und werden später von der Steuerung selbst bestimmt.

Gerade ZX		
X	50.166	abs
Z	-50.000	abs
α1	200.000	°
α2	tangential	
Übergang zum Folgeelement		
	Radius	
R	6.000	

Softkey **„Tangente an Vorgänger“** betätigen.
Endpunkt in X: unbekannt
Endpunkt in Z: -50 mm
Startwinkel zur Z-Achse α1: 200° (von der positiven Z-Achse aus 180°+ 20°)
Übergangsradius: 6 mm (ggf. mit „SELECT“ auf **„R“** umschalten)

Gerade X		
X	78.000	abs
α1	90.000	°
α2	250.000	°
Übergang zum Folgeelement		
	Radius	
R	4.000	

Endpunkt in X: 78 mm
Übergangsradius: 4 mm (ggf. mit „SELECT“ auf **„R“** umschalten)

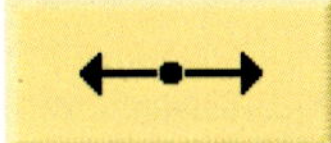

Gerade Z

Z	-75.000	abs
α1	180.000	°
α2	90.000	°
Übergang zum Folgeelement		
	Radius	
R	0.000	

Endpunkt in Z: -75 mm

Gerade X

X	79.600	abs
α1	90.000	°
α2	270.000	°
Übergang zum Folgeelement		
	Radius	
R	0.000	

Endpunkt in X: 79,6 mm
Wegen der Fase mit 0,2 mm ergibt sich der Endpunkt in X aus der Rechnung:
X = 80 mm-(2* 0,2 mm).

Gerade ZX

X	81.000	abs
Z	-75.700	abs
α1	135.000	°
α2	45.000	°
Übergang zum Folgeelement		
	Radius	
R	0.000	

Endpunkt in X: 81 mm
Endpunkt in Z: unbekannt
Startwinkel zur Z-Achse **α**1: 135°
Somit wird das Ende der Kontur sauber mit einer 45°-Fase angefast.

Die Kontur wird mit

in den Arbeitsplan übernommen.

9.5.2 Aufruf des Abspanzyklus zum Schruppen der Außenkontur

Der Abspanzyklus für die freie Kontur wird aus dem Bereich Konturdrehen aufgerufen:

Die verwendeten Eingabeparameter sind:

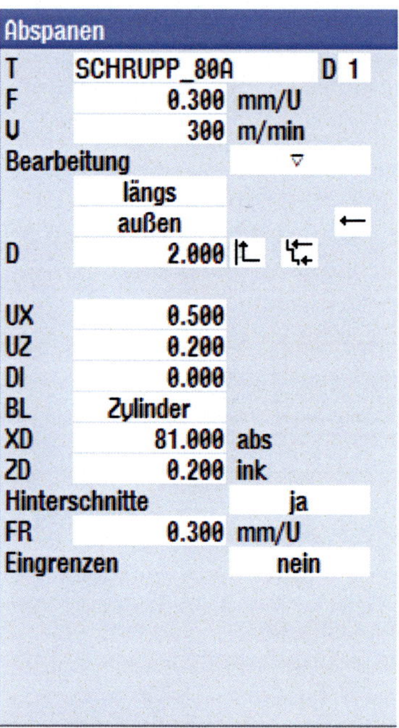

9.5.3 Aufruf des Abspanzyklus zum Restabspanen an der Außenkontur

Aufgrund des Freiwinkels der Schruppplatte verbleibt im Bereich der 20°-Geraden nach dem Schruppzyklus Restmaterial, welches vor dem Schlichten entfernt werden muss. Zum Entfernen des Restmaterials wird das Werkzeug „SCHLICHT_35A" verwendet:

Die verwendeten Eingabeparameter sind:

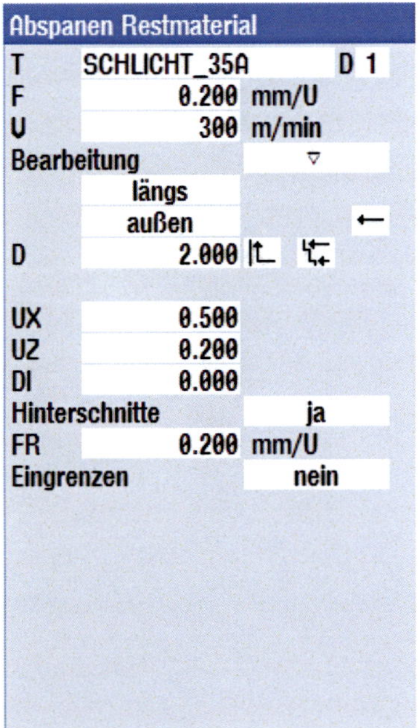

9.5.4 Aufruf des Abspanzyklus zum Schlichten der Außenkontur

Zum Schlichten wird erneut der Abspanzyklus aus dem Bereich Konturdrehen aufgerufen:

Die verwendeten Eingabeparameter sind:

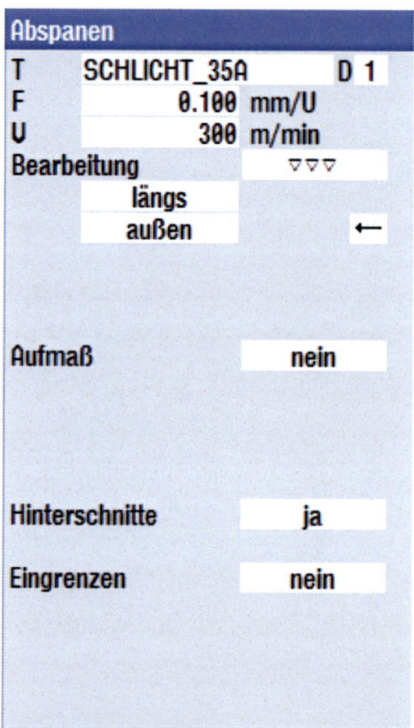

9.6 Arbeitsschritt 4: Bearbeitung der Innenkontur

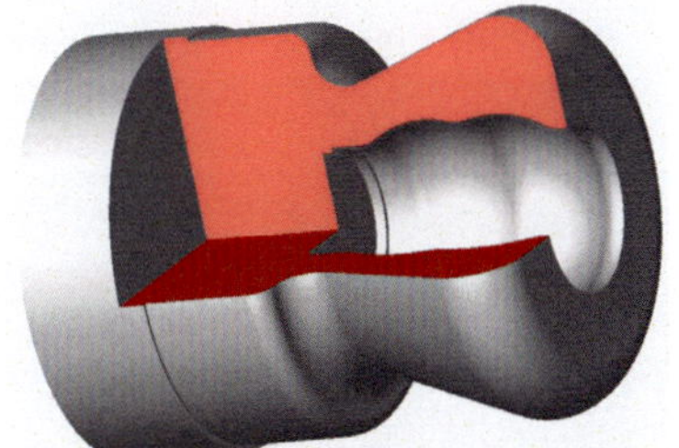

Die Programmierung der Innenkontur erfolgt in drei Arbeitsschritten:

1. Beschreibung der Kontur
2. Schruppen der Kontur
3. Schlichten der Kontur

9.6.1 Beschreibung der Innenkontur

Für die Programmierung im Konturzugrechner wird die Kontur zunächst in einzelne Segmente zerlegt:

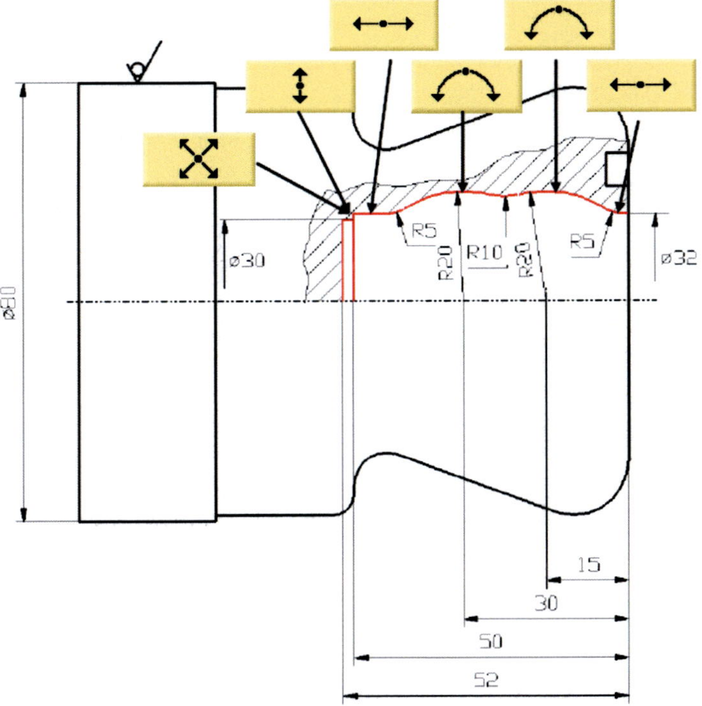

Der Konturzugrechner wird aus dem Bereich **„Konturdrehen“** über den Auswahlsoftkey **„Neue Kontur“** gestartet.
Im Eingabedialog des Konturzugrechners wird für den Namen der Kontur **„INNENKONTUR“** eingegeben:

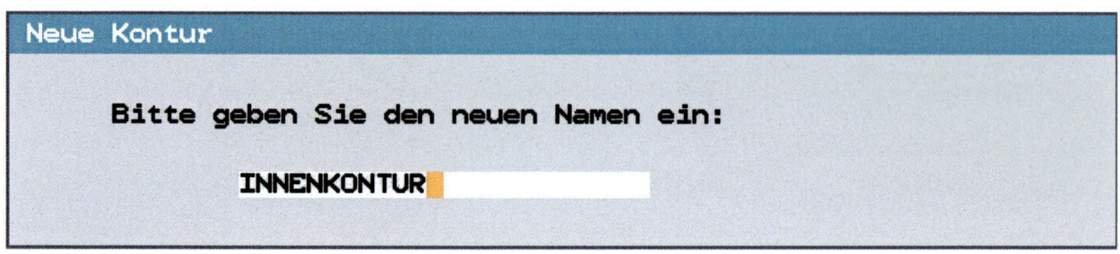

Eingabe der Konturelemente:

Startpunkt
X 32.000 abs
Z 0.000 abs
Übergang am Konturanfang
Fase
FS 0.200

Startpunkt in X: 32 mm
Startpunkt in Z: 0 mm
Richtung vor Kontur: von X+ nach X-
(wegen der Fase 0,2 mm)

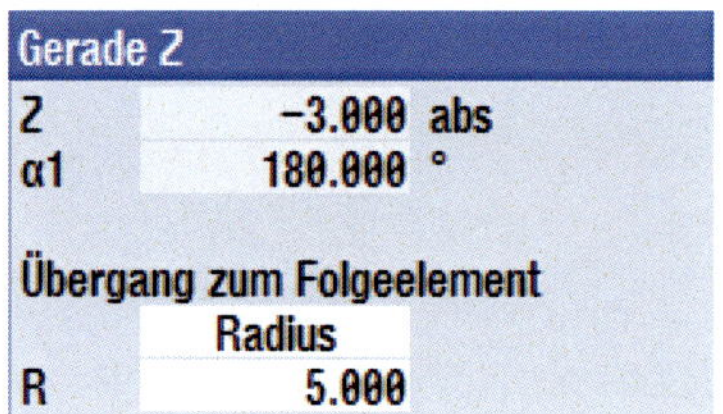

Endpunkt in Z: unbekannt (keinen Wert eintragen)
Übergangsradius: 5 mm

Kreis		
Drehrichtung		↺
R	20.000	
X	37.081	abs
Z	−22.500	abs
I	0.000	abs
K	−15.000	abs
α1	143.130	°
α2	323.130	°
β1	202.024	°
β2	58.894	°
Übergang zum Folgeelement		
	Radius	
R	10.000	

Drehrichtung: links
Radius: 20 mm
Endpunkt in X: unbekannt
Endpunkt in Z: unbekannt
Kreismittelpunkt I: 0 mm
Die **„Dialogauswahl“** so einstellen, dass der linke Kreis blau dargestellt wird. Mit **„Dialogübernahme“** die Auswahl bestätigen.
Kreismittelpunkt K: -15 mm
Übergangsradius: 10 mm

Der Radius R = 10 mm ist als Schnittpunktverrundung programmiert; somit wird kein extra Konturelement „Kreisbogen mit Radius 10 mm“ im Elementeplan angelegt.

Kreis		
Drehrichtung		↺
R	20.000	
X	32.000	abs
Z	−42.000	abs
I	0.000	abs
K	−30.000	abs
α1	157.976	°
α2	315.951	°
β1	216.870	°
β2	58.894	°
Übergang zum Folgeelement		
	Radius	
R	5.000	

Drehrichtung: links
Radius: 20 mm
Endpunkt in X: 32 mm
Endpunkt in Z: unbekannt
Kreismittelpunkt I: 0 mm
Kreismittelpunkt K: -30 mm
Mit der **„Dialogauswahl“** die Grafik nach der Zeichnung einstellen und mit **„Dialogübernahme“** bestätigen.
Übergangsradius: 5 mm

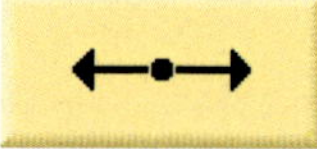

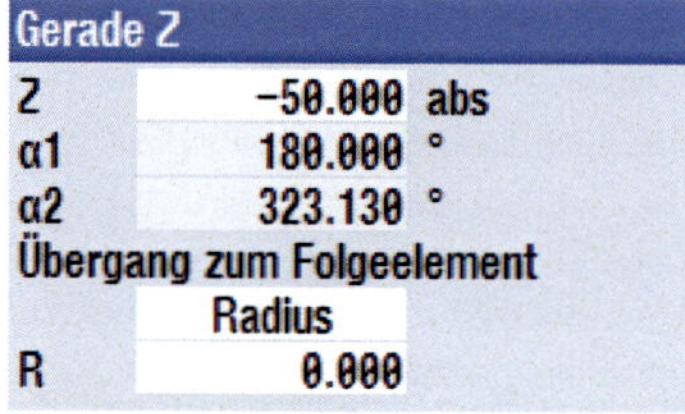

Gerade Z		
Z	-50.000	abs
α1	180.000	°
α2	323.130	°
Übergang zum Folgeelement		
	Radius	
R	0.000	

Endpunkt in Z: -50 mm
Übergangsradius: 5 mm

Endpunkt in X: 30,4mm
Nach der Teilezeichnung soll am Übergang eine Fase von 0,2mm gefertigt werden; somit muss die vertikale Gerade im Durchmesser 0,4mm über dem Enddurchmesser von 30mm liegen.
Übergangsradius: 0mm

Gerade X		
X	30.400	abs
α1	-90.000	°
α2	90.000	°
Übergang zum Folgeelement		
	Radius	
R	0.000	

Gerade ZX		
X	29.000	abs
Z	-50.700	abs
α1	225.000	°
α2	315.000	°
Übergang zum Folgeelement		
	Radius	
R	0.000	

Endpunkt in X: 29 mm (inkl. Überlaufweg wegen der Fase)
Endpunkt in Z: unbekannt
Startwinkel zur X-Achse $\alpha 1$: 225° (errechnet aus 180°+ 45°)
Übergangsradius: 0 mm

Die Kontur wird mit

in den Arbeitsplan übernommen.

9.6.2 Aufruf des Abspanzyklus zum Schruppen der Innenkontur

Der Abspanzyklus wird aus dem Bereich Konturdrehen aufgerufen:

Die verwendeten Eingabeparameter sind:

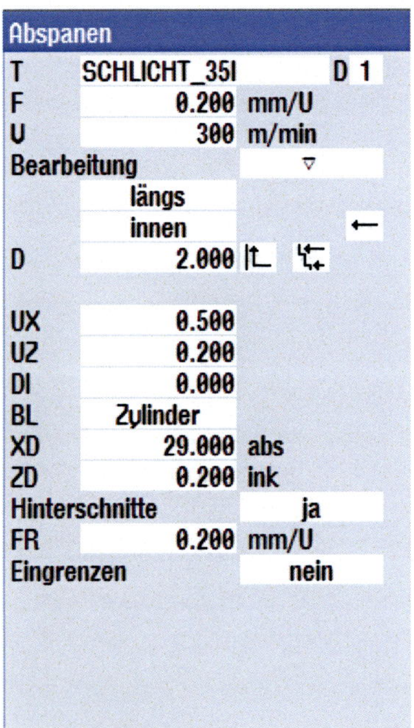

9.6.3 Aufruf des Abspanzyklus zum Schlichten der Innenkontur

Zum Schlichten wird erneut der Abspanzyklus aus dem Bereich Konturdrehen verwendet:

Die verwendeten Eingabeparameter sind:

9.7 Arbeitsschritt 5: Fräsen der Kreisnuten

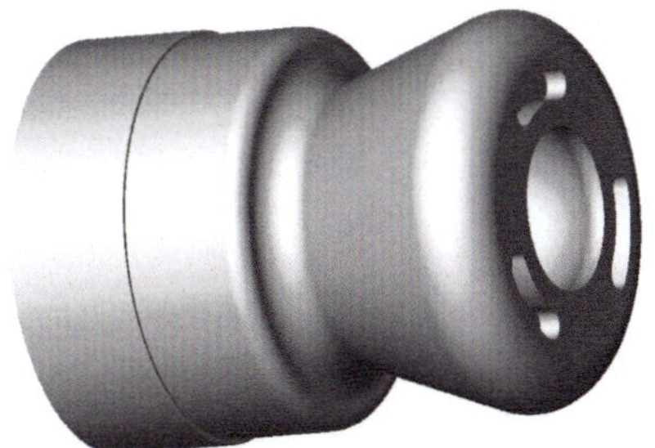

Zur Herstellung der Kreisnuten wird ein angetriebenes Fräswerkzeug verwendet. Das Einschalten und Ausschalten des Werkzeugs erfolgt durch den Zyklus automatisch.

Der Aufruf des Zyklus zum Fräsen der Nuten erfolgt über

Für die Bearbeitung wird der Schaftfräser mit Ø 4 mm (FRAESER_D4) ausgewählt.

Hilfebilder für den Kreisnutzyklus:

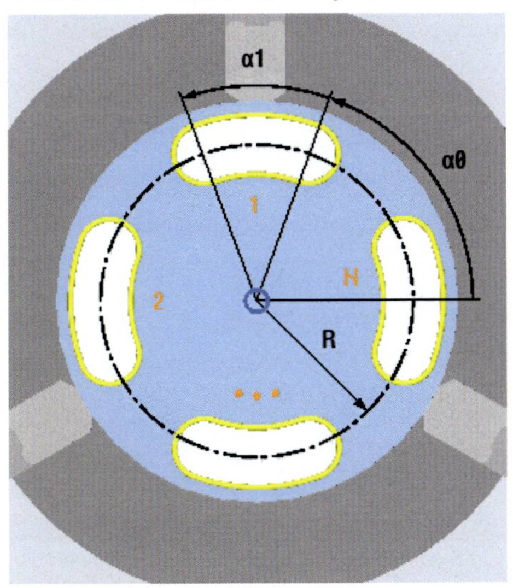

Der blaue Bezugspunkt im Hilfebild bezieht sich auf die Parameter **„X0"** und **„Y0"**.

Über den Parameter **„α0"** kann eine Grunddrehung zur X-Achse programmiert werden.

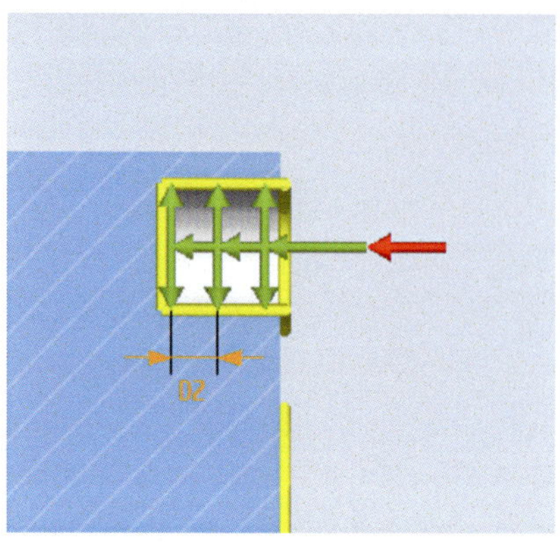

Falls aufgrund der Tiefe der Nut eine Herstellung in einem Schnitt (in Z-Richtung) nicht mehr möglich ist, kann eine maximale zustelltiefe **„DZ“** angegeben werden. Die Nut wird dann automatisch auf mehreren Z-Ebenen ausgeräumt.

Erklärung der Zyklenparameter:

Parameter	Beschreibung
Mantel **Stirn**	Herstellung der Nuten auf der Mantelfläche Herstellung der Nuten auf der Stirnfläche
Bearbeitungs-art	▽ Schruppen ▽▽▽ Schlichten ▽▽▽ Schlichten Rand
Vollkreis **Teilkreis**	Vollkreis: Gleichmäßige Teilung über 360° Teilkreis: Die Teilung zwischen den einzelnen Nuten ist gleichmäßig, aber es ist kein auf 360° geschlossenes Positionsmuster
X0	Bezugspunkt (Mittelpunkt des Teilkreises) in X-Richtung Mit [SELECT] kann auf Polpunktprogrammierung **L0 C0** umgeschaltet werden
Y0	Bezugspunkt (Mittelpunkt des Teilkreises) in Y-Richtung
L0	Bezugspunkt Länge polar Mit [SELECT] kann auf **X0 Y0** umgeschaltet werden
C0	Bezugspunkt Winkel polar
Z0	Bezug zur Werkstückoberfläche, von der aus die Nut gefräst wird
W	Breite der Nut
R	Radius der Mittellinie der Kreisnut
α0	Startwinkel der 1. Nut bezogen auf die X-Achse
α1	Öffnungswinkel einer Nut
α2	Fortschaltwinkel (bei Auswahl „Teilkreis“)
N	Anzahl der Nuten
Z1	Tiefe der Nut. Bei inkrementaler Bemaßung bezogen auf Z0, bei absoluter Bemaßung bezogen auf den Werkstücknullpunkt in Z
DZ	Maximale Zustellung des Werkzeugs in Z-Richtung
UXY	Schlichtaufmaß in der Ebene
positionieren	Positionierbewegung zwischen den Nuten auf einer direkten Verbindungsgeraden oder über dem Teilkreisradius

Verwendete Parameter in der Eingabemaske:

Kreisnut

T	FRAESER_D4	D 1
F	0.040	mm/Zahn
FZ	0.040	mm/Zahn
V	80	m/min
	Stirn	vorne
Bearbeitung		▽
	Vollkreis	
X0	0.000	
Y0	0.000	
Z0	0.000	
N	3	
R	24.000	
α0	-20.000	°
α1	40.000	°
W	6.000	
Z1	-4.000	abs
DZ	4.000	
UXY	0.000	
positionieren		Gerade

Die Schnittgeschwindigkeit muss ggf. auf die maximal mögliche Drehzahl des angetriebenen Werkzeugs angepasst werden.

Die Nut wird in einer Z-Zustellung auf Nennmaß gefertigt.

Alternativ kann auch ein Schlichtaufmaß **„UXY“** angegeben werden und der Zyk-lus nochmals im Modus **„Schlichten“** aufgerufen werden.

Da keine Kollisionsgefahr beim Positionieren zwischen den einzelnen Nuten besteht, kann zum Positionieren die Strategie **„Gerade“** verwendet werden.

9.8 Arbeitsschritt 6: Gewinde M6 bohren

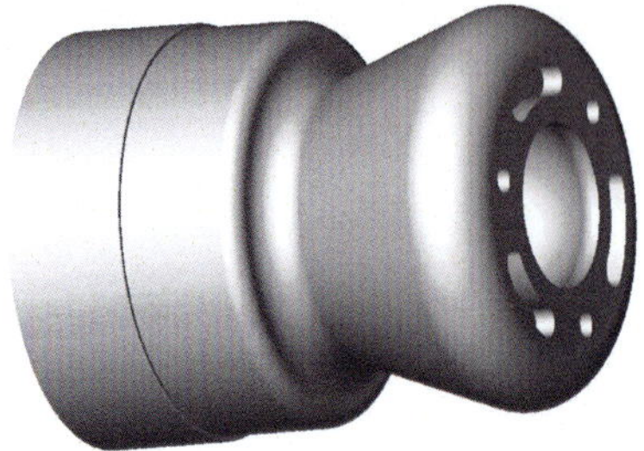

Bei der Herstellung der Gewinde werden vier Arbeitsschritte miteinander verbunden:

1. Zentrieren
2. Vorbohren
3. Gewindebohren
4. Positionsmuster für einen Lochvollkreis

9.8.1 Zentrieren der Gewindebohrung

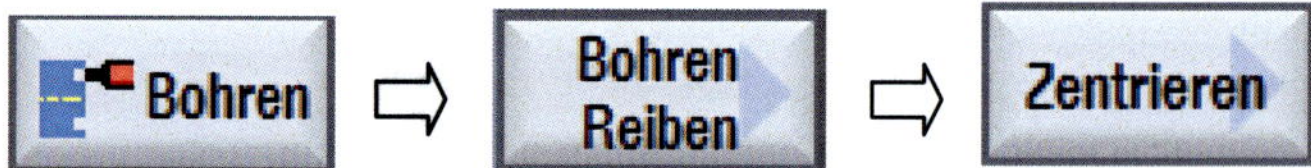

Zum Zentrieren der Gewindebohrungen wird der Zentrierbohrer mit Ø 10 mm (ZENTRIERER_D10) ausgewählt.

Hilfebild für den Zentrierzyklus:

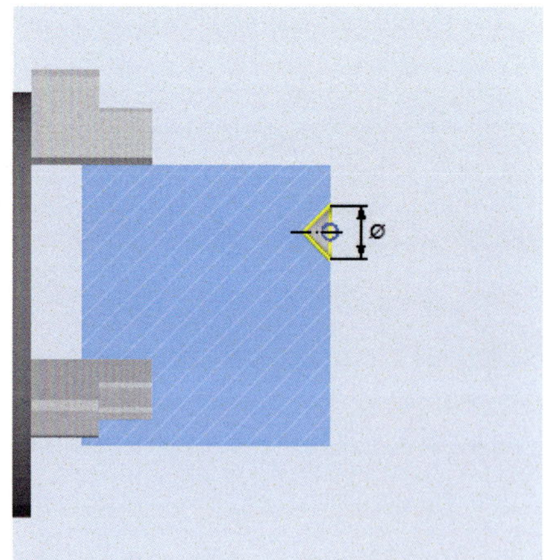

Für die Zentrierungen wird der Öffnungsdurchmesser auf der Werkstückoberfläche programmiert, damit die Funktion der Gewindeschutzsenkung gegeben ist.

Erklärung der Zyklenparameter

Parameter	Beschreibung
Mantel **Stirn**	Herstellung der Zentrierungen auf der Mantelfläche Herstellung der Zentrierungen auf der Stirnfläche
Durchmesser **Spitze**	Programmierung des Durchmessers der Zentrierung auf der Werkstückoberfläche unter Berücksichtigung des Werkzeugspitzenwinkels Programmierung der Eintauchtiefe der Werkzeugspitze absolut oder inkremental
Ø	Öffnungsdurchmesser der Zentrierung auf der Werkstückoberfläche bei Modus **„Durchmesser"**
Z1	Eintauchtiefe der Werkzeugspitze bei Modus **„Spitze"**
DT	Verweilzeit auf Bohrtiefe in Sekunden oder Umdrehungen, Umschaltbar mit

Verwendete Parameter in der Eingabemaske:

Zentrieren

T	ZENTRIERER_D10	D 1
F	0.100	mm/min
U	250	m/min
	Stirn	vorne
	Durchmesser	
Ø	6.300	
DT	0.600	s

Nach DIN 76 ist der maximale Durchmesser der Gewindeschutzsenkung = 1,05 x Gewindenenndurchmesser, also hier 6,3 mm.

Wegen der hohen Drehzahl muß keine Verweilzeit programmiert werden.

9.8.2 Vorbohren der Gewindebohrungen

Zum Vorbohren der Gewindebohrungen wird der Spiralbohrer mit Ø 5 mm (BOHRER_ D5) ausgewählt.

Hilfebilder für den Bohrzyklus:

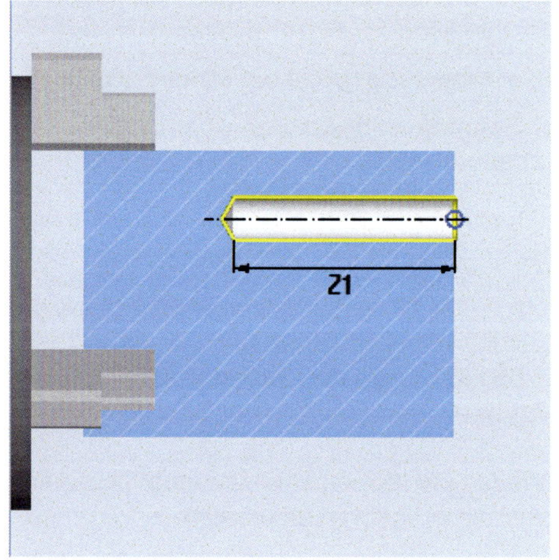

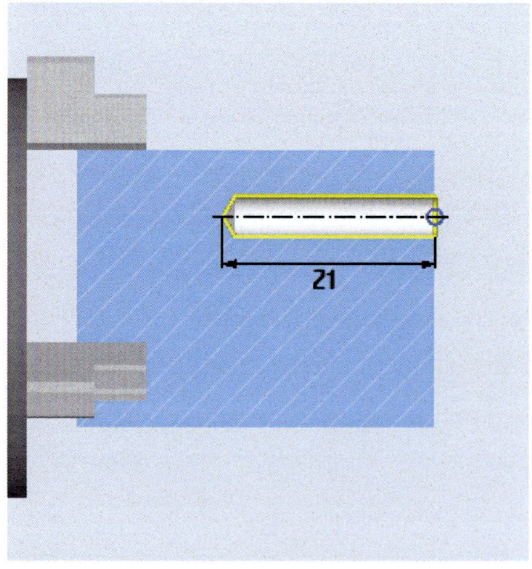

Wahlweise kann die Eintauchtiefe **„Z1"** auf die Werkzeugspitze oder auf den Werkzeugschaft bezogen angegeben werden.
Im Modus **„Schaft"** wird der Werkzeugspitzenwinkel aus der Werkzeugverwaltung ausgewertet.

Erklärung der Zyklenparameter:

Parameter	Beschreibung
Mantel **Stirn**	Herstellung der Bohrungen auf der Mantelfläche Herstellung der Bohrungen auf der Stirnfläche
Schaft **Spitze**	Programmierung der Eintauchtiefe des zylindrischen Teils des Bohrers unter Berücksichtigung des Werkzeugspitzenwinkels Programmierung der Eintauchtiefe der Werkzeugspitze
Z1	Eintauchtiefe bezogen auf die Oberfläche Z0 absolut oder inkremental
DT	Verweilzeit auf Bohrtiefe in Sekunden oder Umdrehungen Umschaltbar mit

Verwendete Parameter in der Eingabemaske:

Bohren

T	BOHRER_D5	D 1
F	0.050	mm/U
U	120	m/min
	Stirn	vorne
	Spitze	
Z1	-10.000	ink
DT	0.600	s

Das Gewinde ist mit einer Tiefe von 8 mm auf der Zeichnung angegeben, weshalb die Gewindekernbohrung 10 mm tief gefertigt wird.
Somit wird der Anschnitt des Gewindebohrers berücksichtigt.

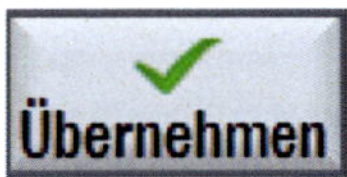

9.8.3 Gewindebohren M6

Zum Gewindebohren wird der Gewindebohrer mit Ø 6 mm (GEWINDE_M6) ausgewählt.

Hilfebild für den Gewindebohrzyklus:

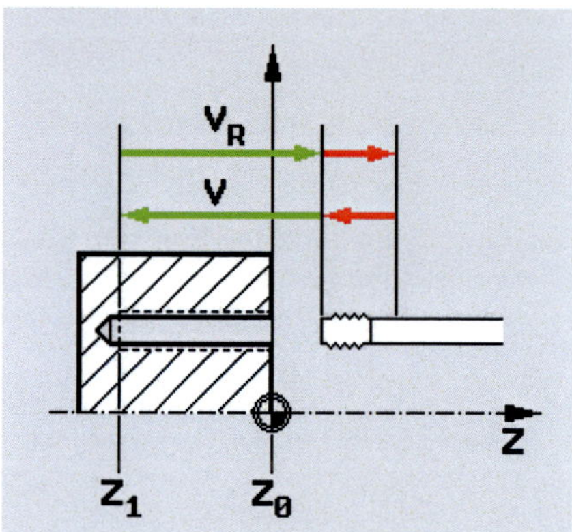

Die Drehzahl für die Eintauchbewegung **„V"** und für die Rückzugbewegung **„VR"** können getrennt voneinander programmiert werden. Für den Rückzug kann je nach Werkzeug eine höhere Drehzahl/Schnittgeschwindigkeit programmiert werden.

Erklärung der Zyklenparameter:

Parameter	Beschreibung
P	Gewindesteigung, mit kann zwischen mm/U, in/U, Gänge/" und Modul gewählt werden
S / V	Drehzahl bzw. Schnittgeschwindigkeit für das Einfahren in das Gewinde (Schnittbewegung) Umschaltbar mit
SR / VR	Drehzahl bzw. Schnittgeschwindigkeit für den Rückzug aus dem Gewinde Die Einheit wird automatisch der gewählten Einheit von **„S"** angepasst
Mantel **Stirn**	Herstellung der Gewindebohrungen auf der Mantelfläche Herstellung der Gewindebohrungen auf der Stirnfläche
1 Schnitt **Entspanen** **Spänebrechen**	Das Gewinde wird in einem durchgehenden Schnitt gefertigt Der Gewindebohrer fährt nach einer bestimmten Bohrtiefe zum Entspanen vollständig aus der Bohrung heraus Der Gewindebohrer bricht den Span durch eine kurze Rückwärtsdrehung
Z1	Eintauchtiefe bezogen auf die Oberfläche Z0 absolut oder inkremantal
D	Maximale Zustellung bei den Betriebsarten **„Entspanen"** oder **„Spänebrechen"**
V2	Rückzugsbetrag beim Modus **„Spänebrechen"**

Parameter	Beschreibung
Tabelle	Auswahl der Gewindetabelle: • ohne • ISO metrisch • Whitworth BSW • Whitworth BSP • UNC
Auswahl	Auswahl Tabellenwert: z. B. • M3; M10; usw. (ISO metrisch) • W3/4"; usw. (Whitworth BSW) • G3/4"; usw. (Whitworth BSP) • 1"–8 UNC; usw. (UNC)

Verwendete Parameter in der Eingabemaske:

Gewindebohren		
T	GEWINDEBOHRER_M6 D 1	
Tabelle	ISO metrisch	
Auswahl	M 6	
P	1.000	mm/U
V	20	m/min
VR	20	m/min
	Stirn	vorne
	1 Schnitt	
Z1	-9.000	abs

Bei der Gewindetiefe von 8 mm wird wegen dem Anschnitt des Gewindebohrers ein Überlaufweg von 1 mm programmiert. Bei dieser geringen Tiefe wird das Gewinde in einem Schnitt gefertigt.

9.8.4 Definition der Bohrpositionen

Den zuvor definierten Bearbeitungszyklen (Zentrieren, Bohren, Gewindebohren) müssen noch die Positionen zugeordnet werden, damit die Schrittkette im Arbeitsplan vollständig ist und das Programm abgearbeitet werden kann.

Der Zyklus zur Positionsbeschreibung ist in der Gruppe „Bohren“ abgelegt:

Hilfebild für den Lochvollkreis:

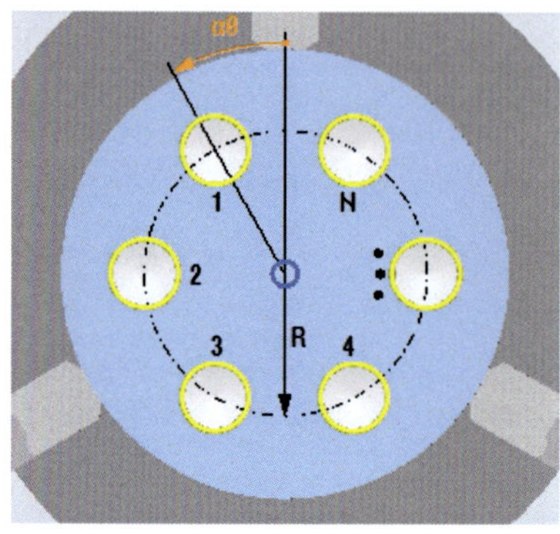

Der Versatz der ersten Bohrung zur X-Achse kann über den Parameter „α0" angegeben werden.

Wenn das Positionsmuster außermittig ist, kann über die Parameter **„X0"** und **„Y0"** die Lage des Mittelpunktes angegeben werden (blauer Punkt in der Hilfsgrafik).

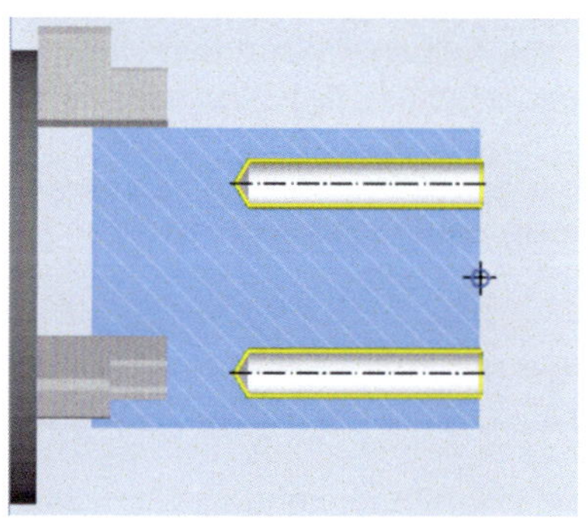

Erklärung der Zyklenparameter:

Parameter	Beschreibung
Mantel **Stirn**	Herstellung der Gewindebohrungen auf der Mantelfläche Herstellung der Gewindebohrungen auf der Stirnfläche
Mittig **Außermittig**	Der Teilkreis ist mittig auf der Stirnfläche positioniert Der Teilkreis ist außermittig auf der Stirnfläche positioniert
Z0	Bezug zur Werkstückoberfläche, von der aus gefräst wird absolut oder inkremental
X0	Bezugspunkt (Mittelpunkt Teilkreis) in X-Richtung
Y0	Bezugspunkt (Mittelpunkt Teilkreis) in Y-Richtung
α0	Startwinkel der 1. Position bezogen auf die X-Achse
α1	Fortschaltwinkel
R	Radius des Teilkreises
N	Anzahl der Positionen
positionieren	Positionierbewegung zwischen den Positionen auf einer direkten Verbindungsgeraden oder über dem Teilkreisradius

Verwendete Parameter in der Eingabemaske:

Positionskreis		
	Stirn	vorne
	mittig	
	Vollkreis	
Z0	0.000	
α0	60.000	°
R	24.000	
N	3	

Der fertige Arbeitsplan besteht aus 16 Zeilen:

NC/WKS/BEISPIEL_3/BEISPIEL_3			15
P	Programmkopf		Nullpunktversch. G54
	Abspanen	▽	T=SCHRUPP_80A F0.3/U V=300m plan X0=84
	Bohren Mittig		T=VOLLBOHRER_D30 F0.1/U V=200m Z1=-52
	Kontur		AUSSENKONTUR
	Abspanen	▽	T=SCHRUPP_80A F0.3/U V=300m
	Restabspanen	▽	T=SCHLICHT_35A F0.2/U V=300m
	Abspanen	▽▽▽	T=SCHLICHT_35A F0.1/U V=300m
	Kontur		IINNENKONTUR
	Abspanen	▽	T=SCHLICHT_35I F0.2/U V=300m
	Abspanen	▽▽▽	T=SCHLICHT_35I F0.1/U V=300m
	Kreisnut	▽	T=FRAESER_D4 F0.04/Z V=80m X0=0 Y0=0 Z0=0
	Zentrieren		T=ZENTRIERER_D10 F0.1/min V=250m ⌀6.3
	Bohren		T=BOHRER_D5 F0.05/U V=120m Z1=-10ink
	Gewindebohren		T=GEWINDEBOHRER_M6 M6 V=20m Z1=-9
	001: Posit.kreis		Z0=0 R=24 N=3
END	Programmende		

Nach dem Start der Simulation über

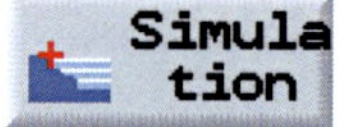

können alle Arbeitsschritte überprüft werden:

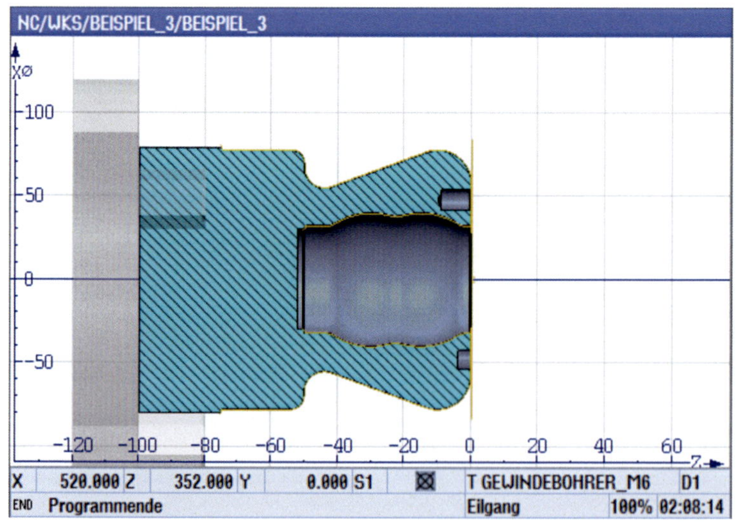

10 Hinweis auf die Dokumentation zu ShopTurn (Vollversion)

Die Original- Steuerungsdokumentation **„SinuTrain Training und Programmierung“** inklusive der ShopTurn Dokumentationen ist Bestandteil der SinuTrain-Software und kann durch anklicken von „Hilfe“ in der obersten Taskleiste geöffnet werden.

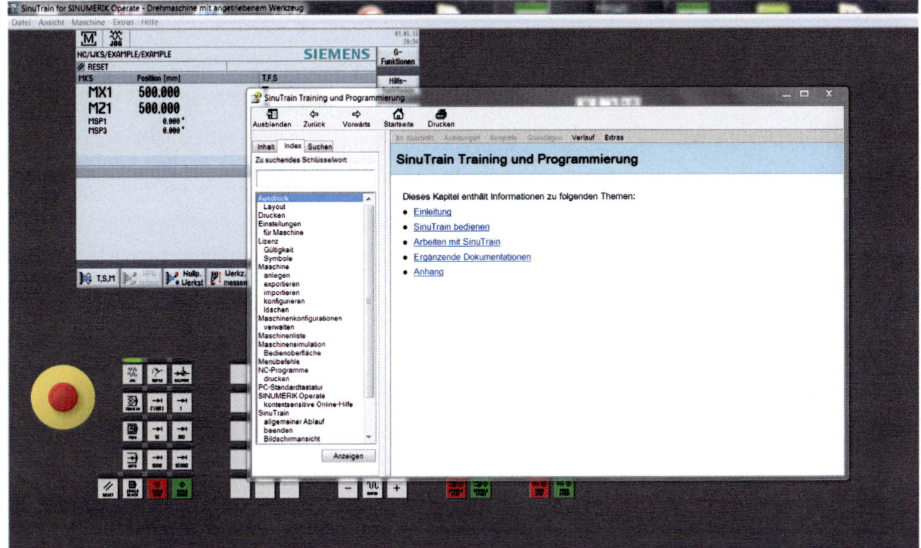